杏鲍菇
草菇
金针菇
木耳
银耳
白毒伞
鹿花菌
铜绿球盖菇
虫草
毒蝇鹅膏
黄粉末牛肝菌
珊瑚菌
美丽草菇
美味牛肝菌
铅绿褶菇

喇叭菌
马鞍菌
灵芝
鸡油菌
猴头
紫丁香蘑
红鬼笔
茯苓
蝉花
香菇
小皮伞
桦剥管菌
羊肚菌
茶树菇
洁小菇
白杯伞

红菇
绿菇
马勃
竹荪
鸡腿菇
青冈菌
桑黄
姬松茸
红笼头菌
鸟巢菌
蜜环菌
星孢寄生菇
地星
墨汁鬼伞
焰耳

陕西省科学院科普基金项目
自然科普书系

山中精灵

与蘑菇的奇妙遇见

王艳 著 李小东 绘

陕西新华出版传媒集团
陕西人民教育出版社
·西 安·

图书在版编目(CIP)数据

山中精灵：与蘑菇的奇妙遇见 / 王艳著；李小东绘. -- 西安：陕西人民教育出版社, 2020.5(2024.6重印)
(自然科普书系)
ISBN 978-7-5450-7341-6

Ⅰ. ①山… Ⅱ. ①王… ②李… Ⅲ. ①蘑菇-儿童读物 Ⅳ. ①S646.1-49

中国版本图书馆CIP数据核字(2020)第050496号

自然科普书系

山中精灵

SHANZHONGJINGLING

与蘑菇的奇妙遇见

YU MOGU DE QIMIAO YUJIAN

王艳　著　李小东　绘

策划编辑　张晟洁　张亦偶
责任编辑　张亦偶
责任校对　李沫瑶
装帧设计　沈　斌
出版发行　陕西新华出版传媒集团
　　　　　　陕西人民教育出版社
地　　址　西安市丈八五路58号
经　　销　各地新华书店
印　　刷　三河市悦鑫印务有限公司
开　　本　890 mm × 1240 mm　1/32
印　　张　6.5
字　　数　130千字
版　　次　2020年5月第1版
印　　次　2024年6月第2次印刷
书　　号　ISBN 978-7-5450-7341-6
定　　价　58.00元

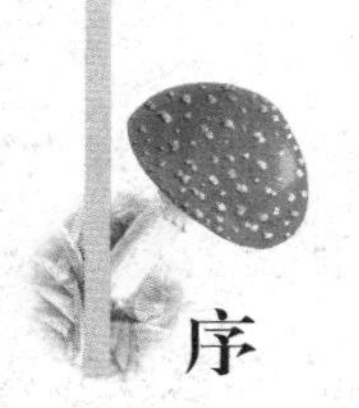

序

真菌是真核生物中重要的类群，而在真菌中有一个最为人类熟知的家族，它们“肉眼可见、徒手可采”，那就是蕈（xùn）菌，俗称蘑菇。它们比人类更早出现在这个地球上，在地球生态系统的物质和能量循环中扮演着不可或缺的角色。蘑菇与我们的日常生活息息相关，人们品尝它、利用它、欣赏它。

在这个种类超过百万的庞大菌物家族中，人类对它们的了解还只是冰山一角。在钢筋水泥铸就的城市里，除日常的食用菌外，人们通常很难接触到野生蕈菌，因此蕈菌就被蒙上了一层神秘的面纱。很多读者对这类生物有着诸多好奇，但苦于没有机会亲自前往深山里去探寻和观察。本书可以让读者以愉悦的心情跟随着科研工作者的脚步，一起前往秦岭深山那片神秘的沃土，探访大山深处的蘑菇精灵，同时也在不知不觉中习得各类蘑菇的特征。此书为蘑菇爱好者撬开了一扇菌物世界的大门，带大家领略不同的菌物风光。在这个“观光”过程中还可以“一饱口福”，了解与食用菌相关的美食；另外，蕈菌作为重要的药用资源，对人类的健康起着不可小觑的作用；在“鸩毒诱惑”这一部分中，读者可以了解到毒菌的辨别、误食后中毒症状以及防治等常识。

这是一本将菌物知识融入生活的科普读物，书中配以精美的插画，使读者能够轻松愉悦地阅读此书。书中，作者以轻松幽默的笔触描绘出自己的所观、所感、所想，为读者展现蘑菇的奇妙故事，同时也引发思考。人类该怎样和其他生物和平共处？人类又该以怎样的心态去接纳自然的慷慨馈赠呢？

希望这本书能带给读者一段愉快的阅读经历并成为读者认识蘑菇、欣赏蘑菇的启蒙读物！

郭良栋

中国菌物学会理事长

中国科学院微生物研究所研究员、博士生导师

2020 年 4 月 23 日

目录

壹 珍馐佳肴

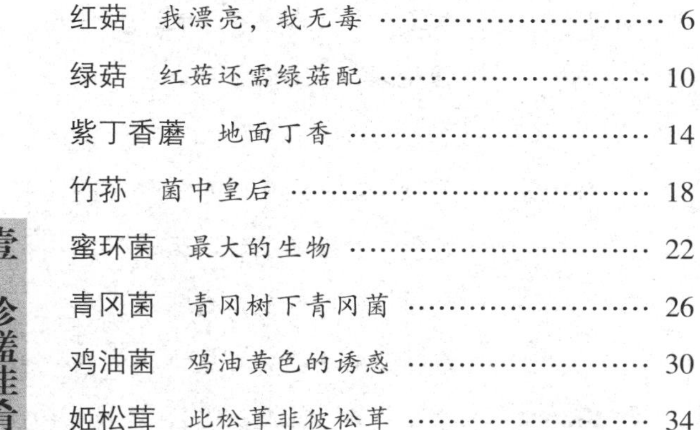

贰　奇珍异草

叁　灵丹妙药

肆　收入囊中

伍　鸩毒诱惑

壹

珍馐佳肴

美味牛肝菌

世界美食

七月的城市里已是骄阳似火，西安犹如一块快要融化的巧克力。前几天接到任务——进山采集这一时节野生大型真菌标本，以完善野生大型真菌种质资源库的建设。该资源库是中国西北地区最大的菌类种质资源库，其中的部分优质菌类种质资源，在科研人员的研究与驯化下，已被广泛应用于生产中，甚至走进千家万户的餐桌，成为一道道席间珍馐。

在烈日骄阳的七月，接到此项任务，虽感到些许辛苦，也担心会有山中“鸟兽鱼虫”的

袭扰，但能亲近自然，见到诸多山中精灵，心里顿生一种“大王叫我来巡山”的喜悦。

进入秦岭腹地，山林的清凉迎面袭来，群山如黛，翠绿欲滴，虽有些许山中暑气，但少了城市的纷繁嘈杂，换作清脆的鸟语虫鸣相伴左右。此时的山中，不知在何处藏匿着何种深山精灵，也许就在不远的林中，它们正在静静地等待着我们的采撷，让它们为更多的人所知晓。

今天运气着实不错，深入一片混交林中，便与美食界的“大众情人”——美味牛肝菌相遇。美味牛肝菌因为有着粗壮的菌柄，又被人们形象地称为“大脚菇”，是世界四大名菌之一。它是优良野生食用菌，其菌体肉质肥厚、细软，烹饪后口味酷似牛肝，味道异常鲜美，因此得名美味牛肝菌。遗憾的是牛肝菌目前不能人工栽培，只有历经险阻，深入森林腹地，才可采撷到此等美味。这也许就是自然的珍贵与独到之处，只有与自然和谐相处，取之有道，才可获其恩泽。

此时的大山里异常炎热，正是美味牛肝菌生长繁茂的时节。美味牛肝菌属高温型菌，菌丝生长适温为 23℃~28℃，一般会在 6~10 月生长于高海拔的针叶林与阔叶林的混交林中。菌丝生长要求有散射光，即七阴三阳的地方，若是遇上山里春季干旱，夏季七八月份晴雨相间的年份，美味牛肝菌便会大量出菇，且快速生长。美味牛肝菌的个头儿较大，有的甚至可以达到 20 厘米，菌盖宽 8~16 厘米，深黄褐色的肤色，犹如高贵的法兰绒；扁半球形的菌盖下面密密麻麻排列的管状结构被称为菌管，菌管初期为白色或略呈淡黄色。

采撷下的美味牛肝菌被人们用各种料理手法处理。意大利人喜欢将其切片并佐以黄油煎烤，以激发其纯甄美味；油炸美味牛肝菌便可烹制价格不菲的法式大餐。而中华料理更是多种多样，与肉、蛋、蔬菜一同烹炒，便是丰盛营养的家常美味。当然，最经典的做法还属煲汤，清香中裹挟着肉味的鲜美，香溢四座，鲜嫩爽滑，能充分满足食客挑剔的味蕾。美味牛肝菌不仅可以烹饪佳肴，也是药食两用的佳品，用其入药，则具有祛风散寒、舒筋活络的功效，中医认为其对贫血、体虚、头晕、耳鸣有一定功效。

美味牛肝菌是个敦实的主，并不怎么挑生长的地方，是一种分布广、产量大的珍贵野生菌类资源。同时也因为它的美味，给自身招来了灭顶之灾，近几年的大量采摘，使美味牛肝菌数量大幅减少。要想这一美味得以延续，相关工作人员要对其进行人工驯化，变野生为家植，此为当务之急。

美味牛肝菌 *Boletus edulis*
别名：大脚菇、白牛肝菌
分类地位：担子菌门 *Basidiomycota*
牛肝菌科 *Boletaceae*
牛肝菌属 *Boletus*
分布地区：河南、黑龙江、四川、陕西、贵州、云南、西藏、台湾等

红菇

我漂亮，我无毒

西安的三伏天，已不亚于吐鲁番的炙烤，一场阵雨过后，犹如滚烫的石头上浇下了一瓢水，桑拿天便名副其实了。这样的天气，也是进山采菌子的最佳时机，准备好铲子、镐头、采样盒、标签纸、记录本、标尺、海拔仪、采样箱等采样工具，一切准备就绪，只待明日，天空露白，秦岭山中，采菌去！

清晨时分，我们穿过城市，翻过秦岭的高冠峪，一路向南，每接近秦岭大山一里，城市的暑气便消退一分。驱车两个半小时，终于到

达宁陕县辖区的漫沟。此时车已行驶至无法通行处，于是一行四人，带好各自负责的装备开始徒步进入漫沟，沿途一路小心地搜寻菌子的足迹。沿漫沟向里徒步 1.5 千米处，同事突然开始叫嚷起来："快来看，这是什么!"只见他用手杖小心地拨开杂草丛，露出一个红色的菌子。噢！是红菇，只见它身高 5 厘米左右，菌盖呈扁半球形，直径 10 厘米。此时正是盛夏，在满眼翠绿的掩映下，红菇菌盖的珊瑚红色成了它最显眼的标志；菇柄是圆柱形，向下渐细，白色松软的质地，像是刚冷却下来的面包。对于此行相遇的第一菇，在将其挖出时我们格外小心翼翼，生怕一不小心弄碎了它。红菇是自然赐予的一种既美艳动人，又人畜无害，且对人类有着诸多裨益的菇类，每到此时，我们都会感谢自然的恩赐。

红菇是担子菌门红菇属正红菇的俗称，常生长在壳斗科树下，是一种珍稀野生真菌，素有"中国纯天然高等野生山珍"之美称，也是闻名世界的食用菌之一，纯野生采集，且产量极低，其营养价值和食疗价值都特别高。

采下红菇，嗅其味，菇香中略带鲜甜，不禁让人感叹，蕈菌的强大转化作用，它们能将败草腐木转化成清香馥郁、味道爽口的美食，也算是化腐朽为神奇的典范了。红菇风味独特，香馥爽口，其鲜甜可口的味道是任何菇类都无法比拟的，并且红菇还含有人体必需的多种氨基酸等成分。另外，它补血、滋阴、清凉解毒，能够缓解腰腿酸痛、手足麻木、筋骨不适、四肢抽搐等症状，治疗贫血、水肿、营养不良和产妇出血过多等疾病，还具有增强机体免疫力和预防癌症等作用，经常食用红菇，可使人皮肤细润，精力旺盛，延年益寿。在福建闽南地区，妇女分娩时会食红菇补充营养，因此红菇又有“南方红参”之称。据《本草纲目》载：“红菇味清、性温、开胃、止泻、解毒、滋补，常服之益寿也”。可见，红菇早在明代就被前人所食用了。

红菇入菜，原本暗淡的食材便可增色不少；红菇入汤，能使汤水增甜、味道鲜美，无须繁复加工，红菇便是天然的味精和得天独厚的天然色素。只可惜红菇的菌丝至今仍无法成功分离，所以还无法进行人工栽培，如此山中一宝，只得藏于深山人不识，留待科研工作者和年轻的自然科学爱好者研究开发了。

红菇 *Russula alutacea*
分类地位：担子菌门 *Basidiomycota*
红菇科 *Russulaceae*
红菇属 *Russula*
分布地区：福建、河南、广东、广西、湖北、江西、云南、陕西等

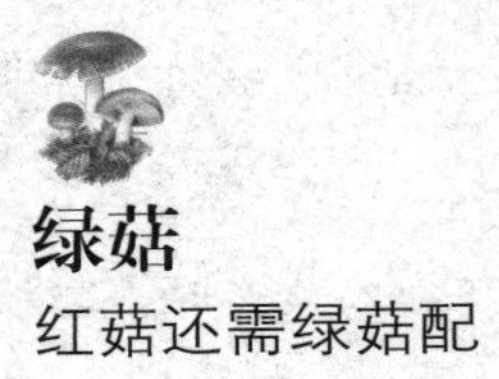

绿菇

红菇还需绿菇配

自然界的生物总是成对出现，在蘑菇的世界里也不例外，发现红菇的地方，也总是会发现一种和它颜色相呼应的蘑菇，那就是绿菇。还记得那年在野外初见绿菇时的场景，那是一个夏季的午后，我们一行五人在秦岭山中执行采样任务，大家都无精打采地用手杖拨弄着身边的杂草，眼睛也如同雷达般扫视着地面，期待着能有所发现。我一抬眼，看到在杂草堆的石缝中，一个蓝绿色、表面有着斑驳的龟裂纹的家伙，正静静地待在那里。我急忙喊伙伴们

凑近来看，原来是绿菇。因为发现的这只绿菇，体形硕大，形状完整。看到它，伙伴们顿时来了精神，开始七嘴八舌地品头论足起来，随行负责拍照的老师，看到它也仿佛被激发了创作热情，正面、腹面、上面、下面，从各个角度不停地按动着快门，生怕错过了它最美的角度，同时，也想把这蘑菇界中罕见的绿色收入相机中。

由于绿菇的颜色和外表都很特殊，有着蘑菇中特殊的青蓝色调，人们给它起了很多别称，四川人叫它青脸菌，云南人叫它青头菌，贵州人叫它青汤菌，而广西人则叫它绿豆菌；它的菌盖上有斑驳的龟裂纹，还有人叫它青蛙菌。

绿菇虽为绿色，但依然属于担子菌纲红菇属，菌肉和菌褶都为白色，野生的绿菇多生长在无污染的树林中的草丛里，分布也较为广泛，阔叶、针叶及混交林都有它们的身影，是树木的外生菌根菌，每年的6~9月它们就会一个个从树林里的草地上冒出来，星星点点地散落在森林里。在它的生长初期，菌盖近似球形，还较光滑些，随着它的生长，菌盖逐渐展开呈扁圆形，开始裂出龟裂纹，看上去还着实像是青蛙的皮肤。颜色呈绿色，菌盖上还有花纹，像极了一朵不折不扣的毒蘑菇，可大家别被它的外表所吓到，绿菇可是一种深受群众喜爱的食用菌呢！

由于绿菇含有丰富的蛋白质、氨基酸、植物纤维等成分，因此入口细嫩，香味悠长，有浓郁的天然清香气息。爆炒或制作菌汤火锅是人们最喜闻乐见的烹饪方式。采摘下来的新鲜绿菇，去根后清洗干净再切片，用葱段、蒜片、小米椒将锅内的底油爆香，倒入绿菇片和事先炒好的肉片一起翻炒，直到菌菇熟透，菌子的香气就会被激发出来。除爆炒以外，绿菇入汤、油炸、红烧或是南方人常用的酿菌子的做法都是不错的选择。在冬长夏短的东北地区，早年间冬季的食物并不充盈，人们为了保存菌子的香气，会把新鲜的绿菇切片，然后经过晾晒或烘干，制成干制品，这样一整年间，人们都能品味到它的鲜香了。

绿菇不仅美味，而且还有一定的药用价值，早在《滇南本草图说》中就有记载："青头菌，气味甘淡，微酸，无毒。主治眼目不明，能泻肝经之火，散热舒气，妇人气郁，服之最良。"看来常吃绿菇还有降火散郁、保护视力的功效。唯一遗憾的是，它和红菇一样，同样不能被人工栽培，想让它走进千家万户的餐桌，还需要广大的科研工作者不懈的努力。

绿菇 *Russula virescens.*
别名：青蛙菌、青汤菌、青脸菌、
　　　青头菌、绿豆菇
分类地位：担子菌门 *Basidiomycota*
　　　　　红菇科 *Russulaceae*
　　　　　红菇属 *Russula*
分布地区：黑龙江、吉林、辽宁、江苏、福建、
　　　　　陕西、甘肃、西藏等

紫丁香蘑

地面丁香

夏日渐微凉，秋意正斜阳，森林里暑气已退去，又到了采集秋蘑的好时节。温度宜人的松林深处，开满了紫丁香花，有人不禁会心生疑惑，紫丁香怎么会开在地上，不是应该开在丁香树上的吗？对的，地上开满的是有着紫丁香一般颜色的蘑菇，名为紫丁香蘑。

紫丁香蘑，又称裸口蘑、紫晶蘑，多分布于我国的黑龙江、福建、青海、新疆、西藏、山西等地区，在巍峨、包容的秦岭大山抚育下，这片松林中也有它的身影。它的个头儿一般不

超过 10 厘米，菌盖直径在 3.5~10 厘米，呈半球形，边缘内卷，当子实体生长到后期，它的菌盖中部会渐渐下凹，亮紫色或丁香紫色是它华丽的肤色，全身光滑湿润，菌肉是淡紫色，菌褶也是紫色，菌盖边缘呈小锯齿状。菌柄的颜色与菌盖浑然一体，初期的菌盖上部有絮状粉末，下部光滑或具纵条纹状。

在大众的印象中，有着如此神秘色彩的蘑菇，一定有毒。其实不然，紫丁香蘑可是难得的人间美味，在欧洲受欢迎的程度与松露及牛肝菌齐名，被视为上等的食材，需要在米其林星级餐厅才能吃得到。紫丁香蘑菇体鲜嫩甜美、口感富有弹性，吃起来有非常独特而浓郁的菇香。烹饪方法通常仿照牛肝菌，将紫丁香蘑与肉丁一起爆炒，渐熟时加入芝士，菇类中特有的鸟苷酸香味与肉类中氨基酸香味彼此成就，相得益彰，佐以芝士增香，更是将菇香发挥到了极致。不知是不是人类的老祖先留下的饮食基因，烤制的做法是全世界人民都十分喜爱的美食烹饪方法，将整朵的紫丁香蘑涂上芝士，放入烤箱中烤制，菇类原始的鲜香顿时被激发，从生到熟，从森林到餐桌，这是自然给人类慷慨的馈赠！

有人不禁会问，如此美味，我怎么从来没吃到过？紫丁香蘑虽可人工栽培，但栽培技术难度大，要求的生长环境也极为苛刻，它喜欢营养丰富的腐殖质土壤，阴凉的低温环境是它生长的必要条件，从种植到生长出完美的子实体需要的时间很长，并且产量稀少。严苛的环境，时间的历练，漫长的等待，才能造就这一方美食。此菇类欧洲种植较多，我国种植量非常少，野生生长的也不多见，因此只有很少数人品尝过它的美味，体验过它华丽外表下的另一番滋味。

紫丁香蘑不仅是味道鲜美的优良食用菌，它还有着强大的药用价值，抗癌是它最大的效用。根据科学家的实验，紫丁香蘑提取物对小白鼠肉瘤的抑制率可达90%，对艾氏癌可以100%的抑制，它可真是癌症的克星。它所含有的B族维生素，还可以调节人们身体的代谢功能，促进神经传导，预防疾病的发生。

紫丁香蘑 *Lepista nuda*
别名：裸口蘑、紫晶蘑
分类地位：担子菌门 *Basidiomycota*
白蘑科 *Tricholomataceae*
香蘑属 *Lepista*
分布地区：黑龙江、福建、青海、新疆、西藏、云南、甘肃、陕西、山西等

竹荪

菌中皇后

行走在竹林里，满山的青竹迷了眼，忽然有人惊呼起来，像是发现了新大陆。原来在一丛高大的翠竹根部，冒出了一个身穿白裙的家伙，是竹荪！竹荪通常身长 15~20 厘米，柄中空，柄身灰白色，外表由海绵状小孔组成；菌盖生于柄顶端呈钟形，盖表凹凸不平呈网格状，菌盖下则是一条长达 8 厘米的网状白纱，被称作菌幕，这条白纱酷似少女的蕾丝短裙，所以竹荪也被人们称作“雪裙仙子”。竹荪的孢子透明而光滑，仅有 2~3 微米大小。当竹荪的孢子

萌发后形成菌丝，可通过菌丝分解死亡的竹根、竹竿和竹叶中的有机物质获得营养。古人有云："荪"者，香草也。源于竹，所以也带有竹子的清香，这是对竹荪最好的诠释。

所有的菇类美食中，我最爱的当属竹荪。还清晰地记得第一次吃竹荪时的情形，那是受朋友之邀，在一家饭店里，最后的压轴菜便是一道山珍菌王汤，晶莹剔透的水晶食盅里，呈现着各种菌类，第一眼望去，我的好奇心便指向了那洁白如玉、形如瓜络的食材，迫不及待地送入口中，清香鲜美，爽脆嫩滑，唇齿留香，后来听人介绍才知道那便是大名鼎鼎的"菌中皇后"——竹荪。

竹荪营养价值很高。据分析，每100克鲜竹荪中所含的粗蛋白比鸡蛋还要高，约20.2%，蛋白质中氨基酸含量极为丰富，其中谷氨酸含量达1.76%，这也是竹荪味道如此鲜美的主要原因。另外，竹荪含粗脂肪2.6%，粗纤维8.8%，碳水化合物6.2%，粗灰分8.21%，还有多种维生素和钙、磷、钾、镁、铁等矿物质。

自从工作后，竹荪这一美食，就成了我家中的必备食材，此物最适宜煲汤，清甜脆爽，汤色清亮，只用一个字来形容，那就是"鲜"。闲暇之余，邀三两挚友，来家中小聚，一碗清香的竹荪排骨汤，便能使我赢得朋友们的赞誉。其实，那都是竹荪的功劳，我只是将它们在合适的时间，用最简单的方式呈现给朋友们而已。

世界上，凡是美好的东西，都来之不易，美食也是如此。竹荪对生长环境的要求极为苛刻，且寿命也很短，它最适宜的生长温度为 22 ℃，正负仅 2 ℃之差，或高或低都会导致它生长缓慢，甚至不能正常生长。菇体形成时，空气湿度要在 85%~90%，才能生出洁白透亮、长裙摇曳的美丽竹荪。它喜欢散射光，光线太弱会影响子实体分化；强光直射，又会导致子实体生长受阻、萎缩。有了合适的温度、湿度、光照，它才会在某个舒适宜人的竹林清晨，犹如小鸡破壳般，突破菌蕾，长出子实体来，然而它的美却不会持续太久，到了下午四五点钟，菌盖上担孢子一旦成熟，子实体便开始自溶，滴向地面，同时整个子实体萎缩倒下。我们从能看到它，到它消失，前后不过六七个小时，可以当作美食被采撷的时间就更短了，此次，得以在大自然中一睹竹荪的芳容，真的是要惊呼一声："Thank goodness."

竹荪 *Dictyophora indusiata*
分类地位：担子菌门 *Basidiomycota*
鬼笔科 *Phallaceae*
鬼笔属 *Phallus*
分布地区：华南地区、西南地区及江苏、安徽、江西、福建等

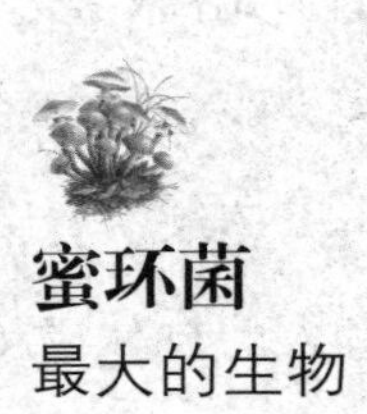

蜜环菌

最大的生物

当你漫步在森林里，你要小心脚下，因为一不小心你就会踩到生长在草地里的蘑菇，此外，还有一类蘑菇是生活在树干或树桩上的，在这类蘑菇当中，最常见的就是蜜环菌。夏秋季节，蜜环菌通常丛生在很多针叶或阔叶树树干或枯树桩的基部，一簇簇蜜环菌从树皮的裂缝中挤出身来，菌盖表面呈惹人的淡黄色、蜂蜜色，还有一层细小的鳞片。每当清晨雾气散去，这些鳞片就会捕捉到空气中弥漫的雾气，并在菌盖的表面形成晶莹剔透的小水珠，像是

从夹缝中探出脑袋的小精灵。

蜂蜜色的菌盖下有一细长的圆柱形菌柄，菌柄的上部靠近菌盖的地方着生着白色的菌环，因此得名蜜环菌。别看它颜色蜜黄，有鳞片、有菌环，这些全部是毒蘑菇的典型特征，其实不然，如果单凭这几点就把它当成了毒蘑菇，那你就错过了森林里难得的美食。蜜环菌炖鸡肉、蜜环菌烧肉可是夏秋季节山里人钟情的美食，芳香中带有一丝微苦，中和了动物性脂肪的肥腻，为夏季带来充满美味的清凉。

如果有人问，世界上最大的动物是什么？就连小朋友也会异口同声地回答蓝鲸。但当有人问，世界上最大的生物是什么？人们就要思忖良久了，其实它便是真菌界的蜜环菌了。蜜环菌的根状菌索藏于地下，能耐受极端的天气和温度，即使是地面上发生了森林火灾，它也依然能在地下存活，只要有了适宜的生长条件，地下的菌索便可复苏过来，以惊人的速度开始生长，直至延绵整个森林。在 2018 年的一则报道中，报道了美国密西西比河岸的一片森林里，发现了世界上最大的生物体——蜜环菌，它整整延绵了 15 千米，几乎覆盖整个森林。蜜环菌不仅体积大，寿命也是最长的！

蜜环菌不仅能形成子实体，而且它的菌丝体还是天麻的好帮手呢！天麻应该算是自然界中最会偷懒的植物了吧，因为自身没有叶绿体，无法进行光合作用合成生长所需的营养元素，所以只得依靠它的菌物搭档蜜环菌喽。天麻只有与蜜环菌伴生，才能得以生存，并且健康茁壮。蜜环菌不仅成就了植物界的一位明星，它自身也有药用价值。人们从蜜环菌中分离出40多种化合物，其中的有效成分对人体具有镇静、抗惊厥、增强耐缺氧能力及增强机体免疫力的作用，也是药品“蜜环菌片”的原料之一。人们还用它研制出了蜜环菌糖浆、蜜环菌浸膏等保健药物，用于临床治疗神经衰弱、失眠、耳鸣、眩晕，甚至癫痫等疾病。我相信通过科研人员的研究，将会开发出更多有利于人类健康的保健食品及药品。

蜜环菌 *Armillaria mellea*
分类地位：担子菌门 *Basidiomycota*
白蘑科 *Tricholomataceae*
小蜜环菌属 *Armillaria*
分布地区：东北、华北、西南及陕西、甘肃、新疆、浙江等

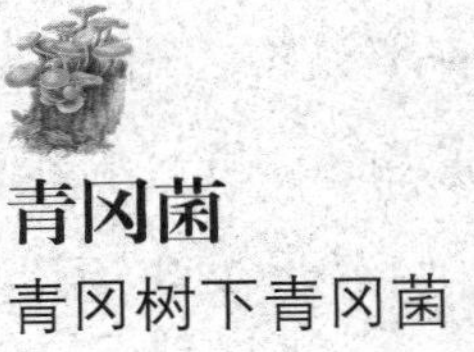

青冈菌

青冈树下青冈菌

八月的秦岭，漫山的鸟兽虫鸣，遍野的奇味山珍。这样的大山里当然少不了各种菌子当家，在这个季节里，人们在避暑探幽的同时，总能遇见美味的野山菌。随着雨水和湿气的激增，林子里不单是草腐菌，木腐菌也多了起来。今天，我们就在秦岭南坡海拔 1800 米处，一片茂密的槲栎树林中发现了青冈菌。枯死的槲栎树是青冈菌生长最好的营养来源，寒来暑往，四季更迭，高大密实的槲栎树为青冈菌提供了良好的生长环境。此时正值八月，是青冈菌出

菇的最佳时机，枯枝上一朵朵褐黄色的子实体簇拥在一起，仿佛要去赴一场盛宴，争先恐后地从树木的裂隙处蜂拥而出。但它们毕竟是出自一家的同胞兄弟，虽争先恐后，但也彬彬有礼，顾及兄弟情深，相互避让，错落有致，唯有这样，它们才个个舒展，每一朵都能充分享受到森林的雨露恩泽。

青冈菌，有些地方的方言叫它青冈钻儿，是生长在槲栎树林中的一种野生蘑菇，因当地人称槲栎树为青冈树，生长在青冈树上的菌子，自然就取名为青冈菌了。青冈菌簇生于枯死后的硬质栎属类树木，如槲栎树、橡树的树桩或裸露的树根上，个头儿大小不一，长长的菌柄上顶着一顶黄褐色的帽子，菌体成熟后逐渐腐烂变黑。每年八九月份，青冈菌就会簇拥着从青冈树的树桩上或树根上冒出来，黄白色的菌柄上擎着褐色的菌盖，菌盖并不大，2~3 厘米，形态有些像茶树菇，但口感却胜于茶树菇，菌肉白嫩肥厚，质地细密，有股特殊的浓郁香气。

还记得 2013 年的夏天到成都开学术会议，会后的晚宴上，酒店的厨师为我们煲了一道当地特色靓汤，汤色澄似普洱，滋味鲜如骨汤，我原以为汤中菇是茶树菇，可它入口爽滑，并没有茶树菇粗壮的纤维，询问了四川本地的朋友才知道，这种菇原来名叫青冈菌。此菇很有嚼劲儿，却也容易下咽，菇体中饱含鲜香的汁水，用它煲出来的汤，真是让人回味无穷，齿颊留香。青冈菌富含人体必需的 18 种氨基酸、维生素、碳水化合物，还含有人体必需的微量元素，它不仅口感鲜美，营养也很丰富呢！

俗话说："药食同源。"青冈菌不仅仅是美味的食材，亦可做良药。它气味甘淡、微酸无毒，主治眼目不明，能泻肝经之火、散热舒气，对急躁、忧虑、抑郁等病症有很好的抑制作用。现代医学研究表明，青冈菌中含有一种非常有益的物质——松茸醇，这种物质的存在，使得青冈菌一夜成为抗癌食品。另外，在它体内发现的双链松茸多糖，可以激活人体的免疫细胞，增强人体免疫力。我们在享受青冈菌带来的味觉盛宴的同时，还能预防疾病，真是一举两得。

青冈菌 *Russula virescens*
别名：青冈钻儿
分类地位：担子菌门 *Basidiomycota*
口蘑科 *Tricholomataceae*
口蘑属 *Tricholoma*
分布地区：陕西、四川、云南、西藏等

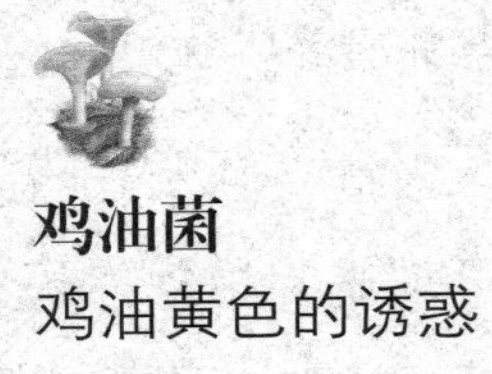

鸡油菌

鸡油黄色的诱惑

作为一名生物专业的科研工作者，由于工作需要，我每年夏天都有驻扎秦岭小镇的机会。夏秋时节，山林里总会有一些出乎意料的山珍美味，这也是不容错过的一饱口福的机会。每次到陕南，一道菌子美食是我必点的，那就是鸡油菌炒鸡蛋。还记得我第一次吃到它时的情景，那是多年前的一个夏天，我第一次来秦岭进行科学考察，经过一整天紧张劳累的工作后，我和同事以及当地工作人员在镇子里吃晚饭。当菜品摆上桌时，当地的工作人员热情地向我

们一一介绍着当地的特色美食。当一盘被炒得油亮的菜肴端上桌时，坐在我旁边的大哥顿时精神抖擞起来，转头就对我说："王老师，考考你，你知道这个菜是什么吗？"只见那盘菜是用一种菌子和鸡蛋炒的，被油煎炒过后，菌子显得更加油亮，和鸡蛋一起炒，鸡蛋的香气与菌子的香气相互融合，相得益彰，闻起来有一股特殊的鲜香，但我着实不知道那是一种什么菌。后来那位大哥告诉我，这是当地人最喜欢的一种菌——鸡油菌，当地人也叫它黄丝菌，鸡油菌炒鸡蛋可是当地的一道名菜。既然是名菜，我得赶紧尝尝，我随即将其送入口中，菌子入口后，满口鲜香，和我以往吃过的菌子都不同，口感很有嚼劲儿，很好吃。于是，鸡油菌炒鸡蛋也成了我每每到陕南必点的一道菜。

鸡油菌因颜色酷似黄澄澄的鸡油而得名，另外，它漂亮的杏黄色犹如已成熟待食的黄杏，气味也有着浓郁的杏仁果香，因此也赢得了杏黄菌的雅号。刚长出的菌子像一枚钉在地面上的铆钉，待它慢慢长大，菌盖开始外翻，最终形成喇叭状，也有人送它外号喇叭菌。无论是叫鸡油菌、杏黄菌还是喇叭菌，每一个名字对于它来说都很贴切。

漫步在森林里，不要以为所有黄色的菌都是大名鼎鼎的鸡油菌，在它的家族中还有一种颜色呈黄色、形似喇叭状的菌子，你可别被这种菌子的外表所迷惑，这可不是鸡油菌，而是鸡油菌的近亲金黄喇叭菌。再像的双胞胎也会有不同的地方，鸡油菌与金黄喇叭菌最大的区别在于鸡油菌有明显的网状褶皱(并非菌褶)，而金黄喇叭菌则平滑得多。抓住这一点，下次遇到，就不会再认错了。

鸡油菌通常只在天然林中出现，人类活动频繁的地方很少见到，是树木的外生菌根菌。如果你在景区的森林里遇到了它，无疑你是幸运的；如果你能吃到它，那就是更大的幸运了。为什么这么说呢？因为目前鸡油菌还无法实现人工栽培，人们所能品尝到的每一口鸡油菌都是大自然孕养的，是大自然的馈赠。

听当地人说，鸡油菌是他们最喜欢的一种菌子，每年的夏秋季节都是他们上山采菌子的时节，幸运的话，一天能采到好几斤的量。这欣喜的收获也要得益于当地人民对森林的保护，良好的生态环境才能孕育如此绝佳的美味。俗话说“一方水土养一方人”，如今也是“一方森林养一方美味”，大自然是善良的，也是公平的，人类在善待大自然的同时，大自然也会给予人类相应的馈赠。

鸡油菌 *Cantharellus cibarius*
别名：杏黄菌、黄丝菌、喇叭菌
分类地位：真菌门 *Eumycota*
鸡油菌科 *Cantharellaceae*
鸡油菌属 *Cantharellus*
分布地区：福建、湖北、湖南、广东、四川、陕西、贵州、云南、黑龙江等

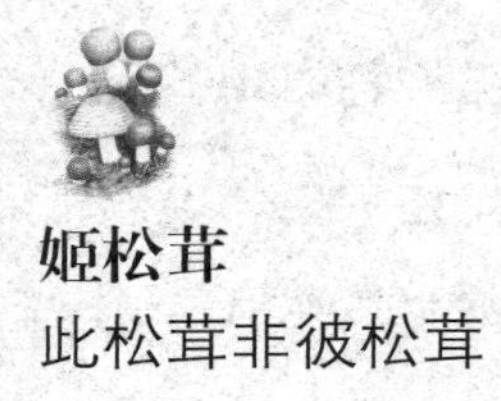

姬松茸

此松茸非彼松茸

姬松茸是夏秋间生长在有机质丰富地方的草腐菌，要求高温、潮湿和通风的生长环境。我们是在秦岭山间的一家种植食用菌的工厂附近发现它的，低矮的草中露出了它淡栗色的真容。这朵姬松茸的子实体壮硕，菌盖直径 7 厘米左右，半球形的菌盖，表面有淡褐色的纤维状鳞片，菌盖下是白色光滑的菌柄，菌盖中心的菌肉厚，而边缘的菌肉薄，菌肉白色，受伤后变成橙黄色。见到如此精致的一朵蘑菇，同事赶紧拿来工具，小心清理周围的杂草，将它

从草地里取出，轻轻地放入采样盒中。

还记得初识姬松茸，是一次去云南旅游时。旅行闲暇，和朋友一起去逛了云南特产店，一进大门就被当地菌子所散发的清香包围，随即一排干货菌子就映入眼帘，牛肝菌、干巴菌、鸡枞……当然，姬松茸也在其中。那时，在去云南之前就听说过大名鼎鼎的松茸，那可是云南特有且难得一见的稀罕物。当日得见姬松茸，便武断地认为姬松茸便是松茸家族中的一个特殊品种，于是，大掏腰包，准备买一些与家人朋友共享。后来才知道，姬松茸其实与松茸并无瓜葛，从分类学角度看，姬松茸属蘑菇科、蘑菇属、姬松茸种，而松茸则是口蘑科、口蘑属、松口蘑种。从形态上区分，姬松茸的菌盖明显大于菌柄，菌盖平展，顶部中央平坦，菌柄白色，干燥后上小下大，呈风铃状；松茸的脚帽匀称，新鲜松茸色泽鲜明，菌盖呈褐色，菌柄与菌盖同色，菌肉白色，均有栗褐色的纤维状茸毛鳞片，菌盖中央部位稍凸，菌柄粗壮，菌肉白嫩肥厚，质地细密。姬松茸与松茸在性状及颜色上并无共通之处，闹出这样的笑话，纯属个人见识浅薄、孤陋寡闻而已，好在商家有良知，并未按照松茸的价格出售，否则，我的武断就不是笑话，而是悲剧了。

姬松茸又名巴西蘑菇，原产地为巴西东南部的圣保罗市郊外彼达迪山区。早在20世纪60年代，日裔的巴西移民古本隆寿发现，当地居民的患病率极低，并且当地人有长期食用巴西蘑菇的习惯。古本隆寿推测可能是食用这种巴西蘑菇的作用，于是便将此菇带回国进行研究，后来经由多项实验证实，这种蘑菇的确有抗癌、提升免疫力的效用。

姬松茸的营养价值很高，口感也很好，炖汤、炒菜、烧肉皆可。姬松茸入汤，草鸡 1 只，姬松茸 10 朵，慢火煨炖，便可呈现一道靓汤。姬松茸富含核酸、固醇、脂肪酸和人体必需的 8 种氨基酸，与鸡肉中的营养成分相得益彰，有扶正固本、增强人体免疫力的功效，特别适合体虚、孱弱人群食用。姬松茸中所含有的 β-(1-6)-D-葡萄糖蛋白复合体，更是能快速激活免疫细胞的生长，提高机体免疫力。其中含有的低分子量多糖具有明显的抗肿瘤活性之功效。从姬松茸中分离出的固醇类物质，对宫颈癌细胞有抑制作用。

世界卫生组织认为，目前所有的肿瘤中，有 1/3 是可以预防的，有 1/3 利用现代医疗技术完全可以早期诊断、早期治疗，还有 1/3 的患者可以经有效的治疗减轻痛苦，提高生存质量，延长患者生存时间，而提高免疫能力，进行营养补充，正是有效保持健康的措施之一。通过食疗的方式抑制癌症、增强免疫力，姬松茸就是一个不错的选择。

姬松茸 *Agaricus blazei*
分类地位：真菌门 *Eumycota*
蘑菇科 *Agaricaceae*
蘑菇属 *Agaricus*
分布地区：四川、云南、陕西、西藏、黑龙江、吉林等

贰

奇珍异草

红笼头菌

天然的鸟笼

在大自然里行走，你总会有一些新奇的发现，比如有些生物有着奇特的本领，那就是“拟态”。拟态的意思是，一种生物为躲避天敌或方便捕食而模仿另外一种生物的形态。动物界中著名的有模仿枯树叶的枯叶蝶，模仿枯树枝的竹节虫，还有模仿鲜花的、模仿石头的，甚至还有模仿粪便的，真是五花八门。菌物界的蘑菇们也不甘示弱，竟然有模仿鸟笼的。在夏季高温、潮湿的时节，你会偶尔发现一个像鸟笼一样红色的菌子，散落在草地或腐木

上，猩红色的网格，在野外显得格外醒目，这就是著名的红笼头菌。

红笼头菌是笼头菌科，它的子实体是网格状分支围成的一个中空球体，样子看上去就像一个小型的鸟笼，因此也被人称为“红笼子”。这个红笼子长到一定程度，网格上还会出现像石油一样的黑色黏稠液体，并发出奇特的气味，这种气味并不会招蜂引蝶，因为那是一股腐烂般的恶臭味。

还记得在一次野外夏令营活动中，我们随行的一位小队员发现了一只红笼头菌，新奇地大声呼叫我去查看。还没等我走到跟前，那个小队员就迫不及待地上去摸了一把那黑色的东西，凑到自己的鼻子前面一闻，顿时就做出了一个表示难以忍受的鬼脸儿，并急忙找东西擦手，可已经来不及了，即使表面上的黑色物体擦干净了，那种难闻的气味却留在手上，久久不能散去。红笼头菌正是靠着这种难闻的恶臭气味吸引来苍蝇、臭虫这一类昆虫的，对于苍蝇、臭虫来说，恶臭味才是它们的最爱。这些昆虫可不是白白到访享受一顿免费美食的，红笼头菌上的黑色液体中聚集了大量的孢子，昆虫在享受美食的同时，也沾上了这些黑色液体，红笼头菌的孢子就搭上免费的巴士，昆虫所能到达的地方，红笼头菌的孢子也能随即到达。待到合适的时机，红笼头菌的孢子又可以萌发，长出新的子实体，看来天下真的是没有免费的午餐。

红笼头菌并不是天生就长得像鸟笼，这种真菌的生长过程其实是鸟蛋变鸟笼的过程。未成熟的红笼头菌就像一个还未孵出的鸟蛋，有一天这个鸟蛋破壁而出，伸出红色的网状结构，过不了多久就会化身成一个红色的鸟笼。不光是人类的世界里有“女大十八变”的说法，在真菌的世界里，更是有着千万种变化。

人类是一种好奇的生物，喜欢触摸新奇的生物，同样也喜欢品尝未知的食物。尽管没有资料记载红笼头菌是可以吃的，但它那猩红色的外表上还涂有一层黑乎乎黏糊糊的东西，再加之那种让人难以忍受的恶臭味，至少是引不起我的食欲的。但总有一些喜欢猎奇的人，据说欧洲某些地区的人们会采摘它的幼时子实体，也就是还是鸟蛋形的时候，用特殊的方法腌制后食用，并被称作“魔鬼之蛋”。另外，也有食用红笼头箘后中毒的报道，吃红笼头菌中毒的人会表现出腹痛、抽搐，丧失语言能力，甚至会陷入昏迷状态。也有文献报道，它还含有致癌物质。红笼头菌既然并非美食，食用后还有诸多的风险，我们还是暂时收敛起自己的好奇心，只远观，不试吃它为妙。

红笼头菌 *Clathrus ruber*
别名：红笼子
分类地位：担子菌门 *Basidiomycota*
笼头菌科 *Clathraceae*
笼头菌属 *Clathrus*
分布地区：全国大部分地区均有分布

珊瑚菌

森林中的珊瑚

在很多科幻作品中都会出现一个平行世界，对于平行世界大都是这样描写的，在我们认知的这个世界以外，还存在着一个既相似又不同的平行世界，这两个相互平行的世界，虽相同，却不重合，也不相交。这听起来是一件很玄妙的事情。我们不知道平行世界是否真的存在，可在自然界中，真的存在这样两个相似的世界。

我们都知道，在海洋的浅滩底部，存在着一个美丽的珊瑚世界，而在森林里，同样也存在着这样一个珊瑚世界。海洋里的珊瑚是由珊

瑚虫死亡后的骨骼组成的，颜色绚烂，形态各异，而森林里的珊瑚则是一个真菌的世界……

当我第一次在森林里看到这种菌子的时候，就被它奇特的外貌和绚丽的颜色吸引了。整个夏季，直至秋季，都是珊瑚菌绽放的季节，各种颜色的珊瑚菌从地上冒出来，森林简直成了七彩的珊瑚菌世界。

珊瑚菌的颜色极为丰富，鹅黄色的是怡人拟锁瑚菌，它们一根根成簇状，从地下冒出来，像一根根刚长出的嫩豆芽儿，再加之鹅黄色的外表，真是惹人喜爱，人们给它起了一个形象的别名——黄豆芽菌。大自然有一个神奇的调色板，除鹅黄色的怡人拟锁瑚菌以外，还有橘黄色的黄枝珊瑚菌，同样为黄色系，但它们的形态却不相同，黄枝珊瑚菌顶端会分出小叉来，这顶部一分叉，就更像海洋里的珊瑚了，肉肉的外表顶端分着许多小毛叉，像是倒插的扫帚或是洗锅的锅刷，于是它就有了一个刷把菌的名号。除黄色以外，还有拥有着神秘紫色的堇紫珊瑚菌；洁白无瑕、亭亭玉立的脆珊瑚菌。

在这些珊瑚菌中，最具有观赏价值的当属堇紫珊瑚菌，它可算得上珊瑚菌家族的颜值担当了。它犹如披着紫色华服的软萌小公主，一亮相就会吸引众人的眼球，水灵的皮肤，吹弹可破。当然了，人类总会被这种看起来软软糯糯的东西吸引，我们即便不知道它是否会对人体造成伤害，也愿意用嘴巴这种原始的方式来亲近它、感受它。还好，它并没有让人失望，其中一些种类成了产地人民喜爱的野生菌，它与荤食、素食均可搭配，口感温和、脆爽，没有异味。一到夏秋季节，就会有人提着小篮子，上山采摘。进入山林，我们可能会遇到各种颜色的珊瑚菌，但并不是每种珊瑚菌都可以食用，只有颜色最不出挑的米黄色的刷把菌可以食用，像堇紫珊瑚菌这样有着靓丽、软萌外表的珊瑚菌就不一定可以食用了，如果忍不住食用了，就会出现恶心、呕吐、腹泻等症状。因此，我们还是不要效仿神农尝百草了。

每当我见到像堇紫珊瑚菌这类菌子的时候，都不忍心用手去捏它，生怕破坏了它的形态与容貌。词穷的我总是找不到合适的词去夸赞它，只得拿着手中的相机，从各个角度按动快门，尽力记录下它摇曳的身姿，当然不会忍心去吃它了。

大自然总会给人带来惊喜，我们在满足了温饱的同时，不妨暂时收敛起口腹之欲，去用心体会与自然亲近的那份喜悦吧！

堇紫珊瑚菌 *Clavaria zollingerill*
分类地位：真菌门 *Eumycota*
　　　　　珊瑚菌科 *Clavariaceae*
　　　　　珊瑚菌属 *Clavaria*
分布地区：全国大部分地区均有分布

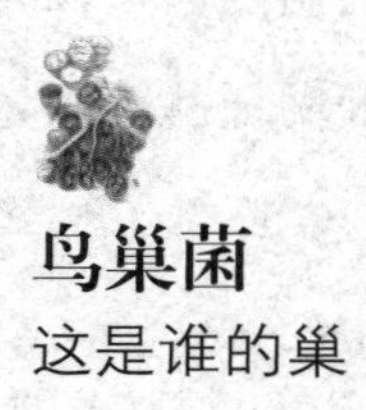

鸟巢菌

这是谁的巢

刚参加工作不久的那年，有一天，朋友突然发来一张照片，乍一看，像是鸟窝。里面还有好几枚鸟蛋呢！什么鸟儿筑下这样的巢？如此的灵动、小巧，里面还有精致的鸟蛋，一个个安然地躺在那小小的巢穴中。随后朋友问我这是什么菌？我一时才缓过神儿来，仔细观察了照片，认真辨别这个“鸟巢”和周围参照物的比例，原来它是如此的小，长在苔藓的中间，这么看来，它不足指甲盖大小，这个小巧的“鸟巢”，就算是世界上最小的鸟儿也无法容身

吧！查阅了相关资料得知，它是真菌打造的“巢”，有一个很贴切的名字——鸟巢菌，隶属于鸟巢菌科，这个科里，根据颜色特征划分为黑蛋巢菌属、白蛋巢菌属和红蛋巢菌属。看到这些形象的名字，我不禁扑哧一下笑了出来，这就是我第一次见到鸟巢菌的经历。

几年之后，有一次和同事在秦岭山中进行野外考察，在山间偶遇了真正的鸟巢菌，虽然早已熟知了它的体貌特征，但第一眼看到它时，还是被它的精巧所吸引。从上向下俯视，圆形的凹陷里，安稳地躺着圆饼状结构，这个结构叫作“小包”，承托小包的结构被称作“包被”，小包由菌索固定在外层的包被中，宛如鸟蛋安然地躺在鸟窝中。如果你俯下身体与它平视，就会发现，这种菌并非像一个半圆形的鸟巢，而是呈酒杯状。它的鸟巢形的下边是一个长柄，通常生长在朽木或是苔藓上，个头儿通常不足 1 厘米，小小的鸟巢菌簇生在嫩绿色的苔藓间，更像是一个微缩盆景。

鸟巢菌长得如此奇特，有人会好奇，它与伞形的蘑菇长得正好相反，这种鸟巢形的结构能使小包安然地待在里面，但它们并不会像鸟儿那样展翅飞翔，那它的孢子是怎么传播出去的呢？别担心，每一种生物都有自己的生存之道，鸟巢菌也不例外。当小包成熟时，菌索会自然老化，一场雨水过后，小包会借助雨水落入包被时的力量，顺势弹出包被，并随着雨水流落到新的地方。

鸟巢菌不仅仅只是样子奇特，它的药用价值也越来越受到人类的关注。它的子实体含有大量对人体有益的生物活性成分，《中华本草》中记载，鸟巢菌微苦，性温，内服煎汤，可健胃止痛，中医拿它来治疗胃痛和消化不良等病症。它含有的鸟巢菌素，对金黄色葡萄球菌、芽孢杆菌都有很强的抑制作用。曾有科研人员设想，它既然有很强的抑菌作用，那是否可以用于农作物的病害防治呢？经过科研人员的大量实验证实，鸟巢菌的发酵提取物对烟草赤星病、白菜黑斑病、小麦纹枯病、辣椒晚疫病，甚至是棉花黄萎病都有不同程度的抑制作用。随着研究人员对其研究的深入，我们相信，用鸟巢菌开发出的生物农药终会有问世的一天，用真菌来对付真菌的生物防治时代终将到来。

鸟巢菌 *Cyathus stercoreus*
分类地位：担子菌门 *Basidiomycota*
鸟巢菌科 *Nidulariaceae*
黑蛋巢菌属 *Cyathus*
分布地区：河北、山西、陕西、宁夏、江苏、安徽、浙江、广西等

星孢寄生菇

菇中之菇

一说起野菇，人们首先想到的是它们会生长在森林里的各个角落。生长在朽木上的木耳、香菇，通过分解朽木中的有机质来获取营养，这类菌被称为木腐菌；还有一类是总喜欢和植物的根纠缠不清的菌根菌，它们的菌丝体通过分解植物难吸收的物质，来帮助植物更好地生长，植物也会以释放这类菌喜欢的有机酸作为回馈，当然，在条件合适的情况下，这类菌也会突然从离树木不远的地面上冒出来，形成各种各样的子实体。另外，还有从动物的粪便上

长出的粪生菌、从掉落的枯树叶上长出的叶生菌，甚至还有从昆中身上长出的虫生菌。菌类简直无处不在，我觉得最为奇特的一类是从蘑菇身上长出的蘑菇，这类菌被称为真菌寄生菌，星孢寄生菇就属于这类菌。

星孢寄生菇是白蘑科，星孢寄生菇属，它通常不会单独存在于森林里，而是寄生在其他菇类的身上，是一个不折不扣的“投机分子”。这个“投机分子”的脚步遍布我国的很多地方，从南到北，从东到西，福建、江苏、安徽、河南、陕西、甘肃、云南甚至西藏都有它们的身影。小小的白色菇，菌盖直径仅有 0.5~3 厘米，个头儿并不大，白色的菌柄也仅仅只有两三厘米长，也得益于这小小的个头儿，才能安然地寄生于其他的菇类之上。虽然是寄生，它可不是什么菌都喜欢的，也有寄生偏好。稀褶黑菇、密褶黑菇才是它的真爱，大大的向内凹陷的菌盖中央镶嵌着白玉色的星孢寄生菇，这也是自然界中经典的黑白配了吧！

由于星孢寄生菇是寄生菇类，在很大程度上它的生存依赖于宿主。通常情况下，寄生生物一旦离开了宿主就无法存活了，例如中华人民共和国成立初期，我国南方等地爆发了血吸虫病，血吸虫的宿主是一种叫钉螺的螺类，人们通过消灭血吸虫的宿主钉螺来消灭血吸虫。

星孢寄生菇离开了宿主黑菇，它还能活吗？四川大学生命科学学院的科研人员通过实验证实，它在马铃薯葡萄糖琼脂培养基上也可以生长，并用大约一周的时间形成子实体。后来他们又将星孢寄生菇的宿主黑菇的粉末加入了培养基，结果令人惊喜，星孢寄生菇的萌发率提高了2.5倍。这说明黑菇中可能含有星孢寄生菇喜欢的成分，这些成分的存在使得黑菇成为星孢寄生菇的专性宿主。

另外，科研人员还发现星孢寄生菇水提液具有很好的抑制植物种子发芽的作用，对绿豆和油菜种子的抑制率分别为71.27%和56.30%，这意味着将有望以星孢寄生菇为原料开发出新型植物生长调节剂。这也算是菌物应用的又一个创举了。

当然，星孢寄生菇存在的意义远不止于此，它与黑菇之间的这种特殊的寄生关系，也是分类学家、真菌生态学家值得研究的方向。关于星孢寄生菇，人类还有很多需要探索的未解之谜呢！

星孢寄生菇 *Asterophora lycoperdoides*
分类地位：担子菌门 *Basidiomycota*
白蘑科 *Tricholomataceae*
星孢寄生菇属 *Asterophora*
分布地区：福建、四川、河南、西藏、甘肃、陕西、江苏、安徽等

红鬼笔

阎王的毛笔

海拔 1000 米左右的山林里郁郁葱葱地分布着一层厚厚的植被，抬眼望去是满眼的绿色。近几十年，秦岭的植被保护卓有成效，各种菌类也多了起来，这也为我们探寻大型真菌的足迹提供了得天独厚的条件。秦岭山中有一种菌子，名叫“红鬼笔”，乍一听这个名字，人们会觉得既恐怖又新奇。在中国的传统文化中，一说到“鬼”，人们总是会心生畏惧，以“鬼”字来命名的菌，到底长啥样儿？

第一次在山里见到这种菌，是在秦岭自然

保护区野外科学调查的路上，我正和队友们在树林里徒步，一转眼，在草丛间发现了一个红色的东西，本以为是不知名的小草开出的野花。我走近俯下身体，仔细观察，淡淡的猩红色的杆上，顶着一个红褐色钟形的菌盖，原来是红鬼笔。这支笔的笔头看上去还很湿润，像是刚饱蘸了墨汁，难道说阎王老爷，又要判定谁的生死？

有一种植物，俗称文王一支笔，学名蛇菰，红鬼笔大概就是真菌界里的一支笔了吧。红鬼笔的笔杆中空，网纹状，笔头覆盖着红褐色甚至是黑色的黏液，并且还散发着鸡屎般的臭味，所以当地人也把它叫作鸡屎菌。这种恶臭虽然令人不悦，但却是苍蝇、臭虫的最爱，每当这类昆虫误以为找到了食物、前来享用的时候，它们的身上便会沾满这种黑褐色的黏液，黏液中的孢子也就随之传播开来。真菌既然不能像花儿那样散发清香，制造些臭味来传播孢子也是一种不错的选择，这也是很多真菌的惯用伎俩。

有一些资料记载，这种带有恶臭味的菌类居然是可食用的，据说洗净上面的黏液，菌柄部分吃起来口感像竹荪。它和美味的竹荪亲缘关系的确很近，它们同属鬼笔科，鬼笔属真菌，一些地方的人们食用它也不足为奇了。它是否真的好吃，我不得而知，因为我从来没有吃过，如果论美食，我还是更倾向于享用竹荪，这种散发着鸡屎味的菌子，我还是放弃吧。

红鬼笔虽不易食，但的确可以入药，据《本草纲目拾遗》

记载，朝生暮落花，生粪秽处，头如笔，紫色，朝生暮死。味苦，性寒，有毒，具有清热解毒、消肿生肌之效，主治恶疮、痈疽、喉痹、刀伤、烫火伤等，说明古人早已知晓它的用处了，而我们不仅要知其然，还要知其所以然，红鬼笔里到底是什么成分起作用呢？科研人员从中分离出多种化合物，其中的麦角固醇类化合物就有一个神奇的本领，那就是抗击癌症。据研究，它对我国的第一大癌症肺癌有很强的抑制作用。随着研究的不断深入，红鬼笔更为广泛的生物活性物质将被进一步发现，并被人类加以利用，至此，这支阎王判定生死的一支笔，也将在人类抗击癌症的道路上写下一笔！

红鬼笔 *Phallus rubicundus*
分类地位：担子菌门 *Basidiomycota*
鬼笔科 *Phallaceae*
鬼笔属 *Phallus*
分布地区：我国多地均有分布

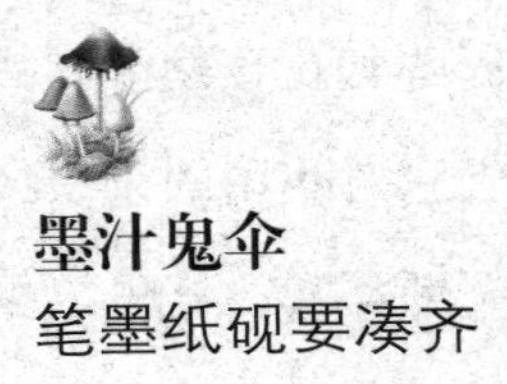

墨汁鬼伞
笔墨纸砚要凑齐

记得儿时，总喜欢和小伙伴们在夏日雨后放晴时，挥舞着手里的小树枝，踏着草地上的露珠，去探寻生长在草地某个小角落里的不知名的小蘑菇。它们并不像植物那样，只要温度合适、雨量充沛时就会满眼绿色，而是只会在不确定的地方，冷不丁地冒出来，这种不确定性给儿时的寻找游戏增添了些许乐趣。在这个探寻的过程中，墨汁鬼伞大概是我和我的小伙伴们遇到最多的蘑菇品种了吧，但由于当时知识尤浅，并不知道它叫墨汁鬼伞。

每当我们发现它时，总不止一朵，而是一丛，十几甚至几十朵簇拥在一起。菌体特别松软，轻轻一碰，就会裂成碎片。到了生长末期，就更是松软，还没等你把它摘下来，菌柄就会折断在地，同时菌伞也开始液化，流出墨汁状的汁液来。淘气的我们会用小树枝当笔，蘸着这黑色的汁液假模假式地写起字来，有时候甚至会把这种黑色的汁液抹到同伴儿的皮肤上，即使我们并不知道那到底是什么东西。当时我异想天开地认为，古人写字的墨汁说不定就取材于这种蘑菇呢！

有时候我也会好奇，好好的一朵蘑菇怎么就变成黑色的汁液呢？直到长大后从事了菌物研究工作才知道，原来对于某些真菌来说，在生长的末期，体内的消化酶被激活，菌体就会发生自溶现象，这一代谢过程会产生水和一些呈色的小分子物质，例如核黄素，再加之墨汁鬼伞的孢子是黑色的，这种裹挟着黑色孢子的代谢物自然就会呈现出黑色。这种黑色的液体犹如墨汁一般，墨汁鬼伞的名号也因此而来。

墨汁鬼伞的寿命很短，子实体通常 3~5 厘米高，初期菌盖呈卵形或钟形，一旦开伞，就会从菌伞的边缘向中心逐渐液化，而且时间非常短，甚至只有半天时间，如果遇到夏季高温，也许仅仅几个小时就完成了子实体的生命历程。庄子的《逍遥游》中说“朝菌不知晦朔”，大概说的就是墨汁鬼伞这一类菌子吧。

鬼伞类真菌中常含有鬼伞素，墨汁鬼伞也不例外。鬼伞素会阻碍乙醛脱氢酶的运作，乙醛是酒精的代谢物，没有乙醛脱氢酶的助力，乙醛滞留在身体内，身体就会出现恶心、呕吐、反胃等中毒症状，所以很多资料上都记载“墨汁鬼伞不宜与酒一起食用，否则会中毒”。这种中毒现象，于我而言，大概永远也不可能发生吧，一种滴着黑色汁液的食材，怎么也不会引起我的食欲，更别说用它来当下酒菜了，如果把它当作下酒菜，岂不是辜负了杯中的美酒？

虽不能下酒，它也并非一无是处，有中医药典籍记载，将其研成细末与醋调和，外敷可治无名肿毒、疮痈等症，有解毒消肿之功效，这也许就是传说中的“以毒攻毒”的疗效吧！另外，科研人员通过研究发现，墨汁鬼伞产生的胞外多糖和蛋白有着很强的生物活性和医用价值，因此，现在也有许多科研人员致力于研究它的发酵技术，希望它有朝一日，能更好地造福人类。这不禁让我想到李白《将进酒》中的一句话——“天生我材必有用”。

墨汁鬼伞 *Coprinopsis atramentaria*
分类地位：担子菌门 *Basidiomycota*
鬼伞科 *Coprinaceae*
鬼伞属 *Coprinus*
分布地区：河北、甘肃、青海、四川、陕西、江苏、黑龙江、辽宁等

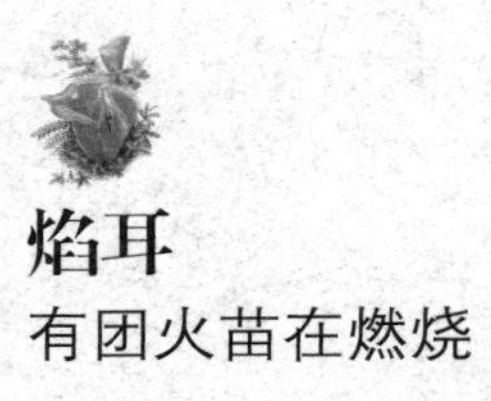

焰耳

有团火苗在燃烧

八月的雨后，我最喜欢在秦岭山里走走，因为此时不光有满眼的绿色，还有各式各样、一夜之间从不同地方冒出来的菌子，五颜六色的菌子为水汽氤氲的山林增添了一抹神秘的色彩。大山里，不仅有香菇、木耳这些我们常见的菌子，也会有灵芝、桑黄这些医药界的奇珍异草。有的坚若磐石，有的却软软糯糯；有的形似小伞，有的好似枯木逢春的小花，有的则似一团小火苗在燃烧。如果你遇见了一团火苗似的菌子，那么，恭喜你，你遇见了银耳家族

中的焰耳了。

焰耳在野外很容易辨认。若你见到像火苗似的橘红色皮肤，像银耳般晶莹剔透，那十有八九就是焰耳了。单棵焰耳的形状呈勺状，质地又是胶质，人们又给了它一个形象的名字，叫作胶勺菌。焰耳的个头儿一般较小，也没有伞形科真菌的伞状结构，而是柄部呈半开裂的管状，盖缘略有卷曲，孢子无色，常生长在林地苔藓层或腐木上，它艳丽的颜色，在绿色背景的衬托下，一眼就能被发现。它虽颜色艳丽，但却无毒，软糯的质地，很容易引起人类的食欲。焰耳的确可食，并且口感与颜值一样有担当，色香味俱佳。在食用性上，这么美味的菌子却也有它的缺点，那就是个头儿较小，所以产量并不高。它虽生活在山林里，但并不是所有的森林都有它的身影，而只是生长在针叶林或针阔叶混交林中。20 世纪的毁林开荒中，它的生存环境不断遭到破坏，产量大幅下降，几乎到了灭绝的边缘，由此，国家也将它列为稀有食用菌。

近年来，随着人们环保意识的增强，森林得到有效保护，不同物种休养生息的家园又开始渐渐恢复往日的繁荣。走在山林里，又可以看到昔日的盛景，焰耳也渐渐多了起来，我们又可以看到它的身姿，品尝到它的美味，这一点上，人类无疑是幸运的。还记得小时候听到的一则故事，在印度洋一个叫作毛里求斯的小岛上，生活着一种不会飞的鸟，这种鸟就是著名的“渡渡鸟”，但由于人类活动和捕杀，仅仅 200 年就灭绝了。随着渡渡鸟的灭绝，在这个岛上存活的一种名叫新几内亚树的物种也随之濒临灭绝，树木的灭绝又将会导致树林里生长的其他生物也一并消失。因为这种树的种子要靠渡渡鸟的消化作用才能萌发、成活，这就是生物链断裂的连锁反应。多么令人唏嘘，人类任何的贪婪举动，都会给其他生物带来灭顶之灾。随着人们环保意识的增强，希望这些生物灭绝的悲剧不再因为人类的贪婪而发生。

此时，我所身处的这座秦岭大山，正为千千万万的物种、不计其数的奇珍异草，提供着天然的庇护。人类懂得节制，大山自有馈赠，走在山林里，步步有奇珍可观，饿了有美食可享，病痛有药材可采，才是人类与大自然的相处之道！

焰耳 *Phlogiotis helvelloides*
别名:胶勺菌
分类地位：担子菌门 *Basidiomycota*
银耳科 *Tremellaceae*
焰耳属 *Phlogiotis*
分布地区：广东、广西、福建、浙江、湖北、江苏、陕西、甘肃等

喇叭菌

嘀嘀嗒嗒吹喇叭

夏季，万物生长，秦岭大山里的菌子也多了起来，色彩斑斓，形态各异，原本寂静的山林里一下子就热闹了。是谁在嘀嘀嗒嗒吹喇叭？原来是喇叭菌在萌发。初见它时，我并不知道它的大名，只觉得它像个喇叭，后来经过鉴定，它的大名果然就叫喇叭菌。这个名字真的很形象，就连不认识它的人都能一口叫出它的名字。

喇叭菌又叫唢呐菌，夏秋季多在栎树下群生或丛生。橘黄色的外表，醒目得就像穿了件黄马甲，这么亮丽的颜色，总会被初识它的人

误认为是毒蘑菇。其实不然，经过科研人员的研究，它不仅无毒，而且含有亮氨酸、苯丙氨酸、苏氨酸、甘氨酸、丝氨酸、天门冬酸等 15 种氨基酸，其中 6 种为人体必需氨基酸，还有镁、锰、铁、锌等矿质元素，是一种有着很高营养及经济价值的食用菌。可能正是因为它金黄亮丽的外表，常被人或动物认成毒蘑菇，从而免遭采食，这也许就是喇叭菌的生存策略吧！

喇叭菌的菌体呈喇叭形，一身醒目的橘黄色，身高约 5~14 厘米，菌盖宽 3~8 厘米，菌盖并不光滑，有绒毛状的红褐色鳞片。菌肉厚，白色，棱褶分叉，下延至柄的中下部。它是一种世界性分布的食用菌，子实体虽然不大，但菌肉肥厚，含水较少，柔中带脆，味美可口。探一探它的家族史，喇叭菌竟然是鸡油菌科的真菌，这么一来，它就和大名鼎鼎的鸡油菌是家族兄弟了。单凭鸡油菌这名字就能让人垂涎三尺，也许有很多人已经品尝过了，但它的兄弟喇叭菌，未必有太多的人知晓或是品尝过。据品尝过它的朋友说，用这种喇叭菌炖出来的汤味道非常鲜美，有一股柠檬和番茄的果酸味和清香味。

森林里这只橘黄色的小喇叭不仅是美味的食材，而且具有非常好的药用价值。据《中华本草》记载，喇叭菌可作中草药入药，具有开胃健脾、止咳化气、润燥益肠胃、明目的功效，可用于改善夜盲症、结膜炎、皮肤干燥、神经衰弱等多种症状，常食用喇叭菌炖的汤还能起到养胃的作用呢。其实，早在古代就有人开始食用喇叭菌了，只不过流传不广，在《滇南本草》一书中就有这么一段记载："虽能温中健胃，但湿气居多，食之往往令人气胀。欲食者，须以姜同炙之，方能解其湿气。世人多以大蒜的功效与作用同煮，以为有毒蒜黑，不知蒜见毒未必即黑，姜见毒则必黑，何若以姜验之为愈也。"意思是，古时候人们也是以姜蒜来试毒，看到大蒜变黑，就认为蘑菇是有毒的，殊不知喇叭菌不仅没毒，而且还有很好的食疗价值。读到这里，我不禁在想，民间流传的"与大蒜同煮颜色变黑的蘑菇是毒蘑菇"的说法，是不是借鉴了古人的"智慧"呢？但是随着现代社会的发展，科学的进步，我们是不是也该以科学的眼光去看待古人的"智慧"呢？

喇叭菌 *Craterellus cornucopioides*
别名：唢呐菌
分类地位：担子菌门 *Basidiomycota*
鸡油菌科 *Cantharellaceae*
喇叭菌属 *Craterellus*
分布地区：福建、河南、广西、广东、西藏、云南、陕西、四川等

马鞍菌

好马配好鞍

“人间四月芳菲尽，山寺桃花始盛开。”此时的山林里万物萌动，动物也多了起来，当然，菌子也有破土而出的迹象了。林间一场春雨过后，最先进入人们视野的菌子便是马鞍菌。这种菌子不必等到盛夏来临，每年的四五月份就能出菇，粗壮的菌柄上托着一个两头翘起、中间凹陷的菌盖，这个形状活脱脱是一个小马鞍，因此得名马鞍菌。这棕褐色的马鞍着实配得上上等的宝马良驹，仿佛只待良驹在手，便可策马扬鞭！

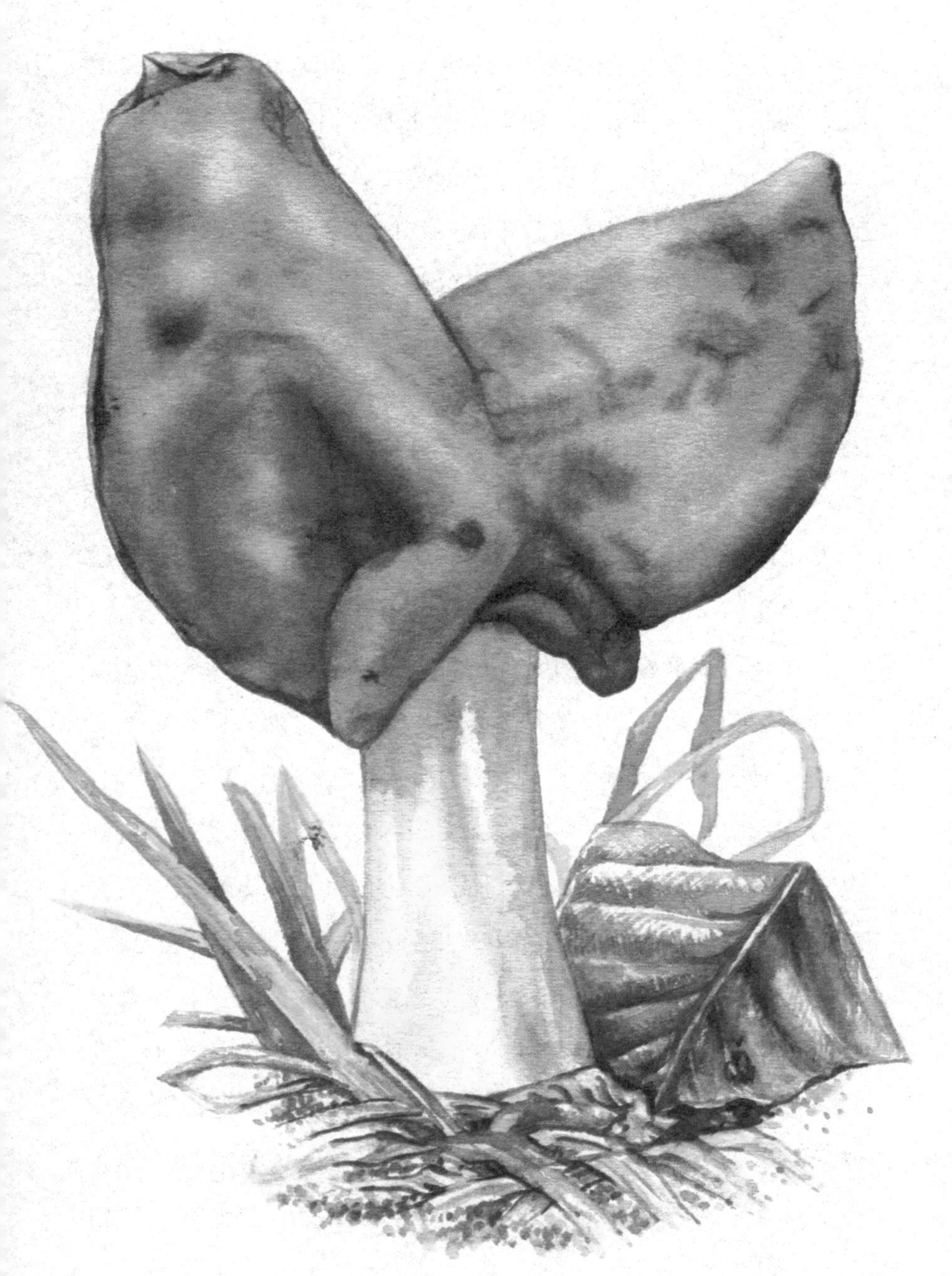

马鞍菌的分布范围很广，是北半球温带地区森林内常见的真菌物种，我国的华北、西南、西北地区均有分布，生在长有油松、栎树、云杉、落叶松等树的地上，往往成群生长。马鞍菌的种类很多，以往的资料记载，它们大多可食用。虽然它的孢子有毒，但依然阻挡不住食客的脚步，人们还是将它列为食用菌中的一员。通常的做法是将菇体反复清洗，洗去孢子，加以适当的烹饪方法。不过，有大量的研究发现，马鞍菌家族中的部分成员，例如棱柄白马鞍菌，菇体中含有甲基肼化物，这是一种致癌物质，所以现在的文献资料已将部分马鞍菌归为毒蘑菇了。野外的马鞍菌，因独树一帜的造型，人们可能一眼就能认出它，可它的家族成员众多，又有几人能分得清呢？

在马鞍菌家族中，可食用的种类最著名的当属新疆地区出产的裂盖马鞍菌了，也就是著名的巴楚蘑菇。这种菌子是深受当地人喜爱的稀有野生食用菌，说它稀有，可不是夸大其词，据研究真菌分类的朋友讲，他在多年的调查研究中发现，这种马鞍菌只在新疆的喀什地区才有，国内的其他地方从未寻到它的踪迹，并且这种马鞍菌除中国以外也仅在土耳其有过记载，其他国家还几乎未见报道。可见，它真的是太恋家了，在物流技术、传播途径如此发达的今天，它的生长区域依然狭小，真可谓故土难离！裂盖马鞍菌生而娇贵，对生长环境的要求非常苛刻，只在生长了5年以下的胡杨树或白杨树下生长，并且要求生长环境的酸碱度必须是碱性；温度不能太高，平均温度不超过 20℃；空气湿度也不能太大，空气相对湿度 30% 左右为宜。种种的这些要求加在一起，能满足它生长的地方，恐怕就没几个了吧！因此，它也只能待在故土，享受故土的阳光雨露，看来不仅是“一方水土养一方人”，还有“一方水土养一方菇”。

到目前为止，这种马鞍菌仍无法实现人工栽培，但它的鲜美味道，受到了当地人的喜爱。看来，我国大部分地区的人们是没有口福品尝它的美味了，要想大快朵颐，还得不远千里，去新疆一行才能一睹它的芳容，品尝它的美味了。

马鞍菌 *Helvella elastica*
分类地位：子囊菌门 *Ascomycotion*
马鞍菌科 *Helvellaceae*
马鞍菌属 *Helvella*
分布地区：吉林、河北、山西、陕西、甘肃、青海、四川、新疆、西藏等

叁

灵丹妙药

灵芝

灵芝仙草救性命

对于灵芝，我早在儿时就已知晓它，那还是源自一部家喻户晓的热播影视剧《新白娘子传奇》，主人公白素贞为救其夫，不惜冒着生命危险，求来灵芝仙草，只为其起死回生之效。从那时起，灵芝就在我的心中蒙上了一层神秘的色彩，没想到，长大后的我，竟从事与真菌相关的工作，灵芝从此揭开了它神秘的面纱。

灵芝实为多孔菌科真菌灵芝的子实体，主要分布于浙江、黑龙江、吉林、安徽、江西、湖南、贵州、广东、福建等地。出于对灵芝的

好奇，每次进山，我都下意识地寻找着灵芝的身影，可大多数时候，这个大山中最调皮的精灵，总是踪迹难寻。非常幸运的是，这次进入山林不久，我就在一个枯树桩旁发现了一朵灵芝，它形似祥云，小巧玲珑，株高约 10 厘米，赤红色的表面犹如刷了油一般光亮，如漆般的光泽，古香古色，就连名贵的红木家具都无法与其比肩，我如获至宝的幸福感也是不言而喻。

国人对灵芝的偏好由来已久，《神农本草经》有言："灵芝主养命以应天，无毒，多服、久服延年。"人们认为灵芝具有补气安神、止咳平喘、延年益寿的功效，常被医家用于治疗眩晕不眠、心悸气短、神经衰弱、虚劳咳喘等症。现代医学研究表明，灵芝主含灵芝酸、灵芝多肽及灵芝多糖，另外还含有真菌溶菌酶、麦角固醇、三萜类、挥发油、硬脂酸、苯甲酸、生物碱、维生素 B2 及维生素 C 等，灵芝的孢子中还含甘露醇、海藻糖等。医学家认为，灵芝具有双向调节人体机能的作用，使机能达到平衡，对人体的免疫系统有全面、快速的提升作用，有恢复人体脏器和细胞功能的作用。

由于灵芝华丽的外表形似祥云，寓意吉祥，又有着延年益寿之功效，长期以来，它都被作为中国传统文化中吉祥长寿的图腾，被赋予起死回生的灵性，由此也衍生出了无数神话传说，引得无数采药人为之踏破铁鞋、前赴后继。随着科学技术的不断发展，科研人员终于研究清楚了它的生长习性，灵芝属高温性菌类，在 15 ℃~35 ℃均能生长，适温为 25 ℃~30 ℃。

菌丝生长期，要求环境含水量在55%~60%。灵芝是好氧型真菌，它的整个生长发育过程中都需要新鲜的空气，尤其是子实体生长发育阶段，当空气中二氧化碳含量增高至0.1%时，子实体就不能正常开伞，也就不能形成艳丽的祥云形状了，所以我们在电视上看到的灵芝总是出现在空气清幽、雾气缭绕的环境中。

随着灵芝驯化栽培的成功，这一神奇的真菌可发挥它更大的功能，造福于更多的人。许多专家学者证实，灵芝多糖具有预防肿瘤的生成和遏制肿瘤的扩散及生长的作用。它还有抗衰老的作用，灵芝从古到今都被称为永驻青春的上等之品，满足人们对时光易逝、青春不老的追求。另外，灵芝还有防治高血压、糖尿病、高脂血症的功效，这无疑是给现代“三高”人群带来了福音。还有临床研究表明，灵芝提取物对令医者头疼的鹅膏菌、白毒伞引起的中毒也有明显的疗效。近年来，随着灵芝产量的增大，一些具有保健功能的食品也应运而生，如灵芝醋、灵芝酱油、灵芝保健胶囊以及含有灵芝成分的化妆品……灵芝产品层出不穷，希望在科研工作者的不断研究中，使得灵芝这一神奇的菌类能更好地应用于人类，造福于人类。

灵芝 *Ganoderma lucidum*

分类地位：担子菌门 *Basidiomycota*
　　　　　灵芝科 *Ganodermataceae*
　　　　　灵芝属 *Ganoderma*

分布地区：安徽、河南、湖北、江西、四川、陕西、福建、广东、广西等

桑黄

桑树上面宝贝多

我们在一株桑树上发现了它，只见它从树的瘢痕处伸展出来，似乎桑树调皮地向我们吐着舌头，很多地方的人也形象地称它为“树舌”。树是不会吐出舌头的，那这个“舌头”到底是什么呢？这舌头其实是多孔菌科，桑黄属，是真菌侵染树木后形成的子实体，因为长在桑树上，掰开来，内部呈现棕黄色，因此人们给它起了一个形象的名字，叫作桑黄。桑黄生于桑树，颜色为黄色，这样命名，真的是好记又贴切。它虽有马蹄形的外表，却不能像马儿那

样奔跑。刚长出的桑黄皮肤也是很光滑的，岁月会给它加上层层的皲裂纹，这也是其年龄的象征。

桑黄在森林里其实并不少见，桑树、杨树、柳树、松树、桦树上都可以见到它的身影，在全国的分布也很广泛，华北、西北及黑龙江、吉林、台湾、广东、四川、云南、西藏等地均有分布。

民间认为，只有生长在桑树上的桑黄，药效才最佳。你可别小看这其貌不扬的桑黄，人们对桑黄的认识已有上千年的历史，早在东汉时期的《神农本草经》就有记载："桑耳治血病、妇女白带，解腹中硬块。"《本草纲目》中也有记载："性寒，味微苦，能利五脏、宣肠气，排毒气，压丹石，治发热及止血等。"可见，古人早已知晓它的妙用。在现代医学中，桑黄可是抗癌第一名，桑黄中所含的桑黄多糖对癌症的抑制率高达96%以上，但它对正常生长的细胞并无任何毒副作用，真是身体的卫士、癌症的克星！在日本，桑黄的"热度"犹如中国人对冬虫夏草的追捧，自然价格也是不菲的。二战期间，美国在日本的广岛和长崎投下原子弹，造成死伤无数，即使幸存，也会由于辐射引发癌症，据说，有些患病的人就是服用了桑黄，癌症才得以消减，甚至治愈。看来战争给人类带来的伤痛，还得靠这小小的桑黄将其抚平。它的妙用可不只是抗癌，现代人在对桑黄的研究中，用桑黄的提取物制成的BB霜，性能稳定、色泽均匀，具有良好的保湿、防晒、美白、抗氧化的性能，还可修护受损皮肤，长期使用可令肌肤白皙、清透、自然，达到调控色彩、防护修容的作用，这可真是爱美人士的福音。

有着诸多妙用的野生菌，在野外的产量却是极少的。它寄生在桑树上，而野外自然生长的桑树是没办法聚集成林的，并且桑黄并不是每一棵桑树都喜欢，它也只生长在温度偏低的地区，在野外的桑树上生长的概率一般很小，生长速度又很慢，小一些的至少 3~5 年，大一些的 5~10 年甚至需要更长的时间。最要命的还是人类的过度采摘，天然的桑黄就更加珍贵了。如果你在野外有幸遇见了它，那你一定是积攒了一年的幸运。

小小桑黄，隐于林间，抗击癌症，妙用多多，造福苍生。

桑黄 *Phellinus igniarius*
分类地位：担子菌门 *Basidiomycota*
多孔菌科 *Polyporaceae*
木层孔菌属 *Phellinus*
分布地区：黑龙江、吉林、广东、四川、云南、陕西、西藏等

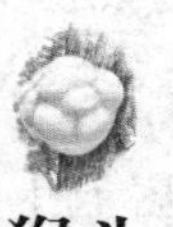

猴头

西游记里的大师兄

猴头菇，顾名思义，长得像猴头。初见它时，只见一团长满毛状肉刺的白色菌菇挂在树木的枝杈处，宛如树后藏着一个只露出白色脑袋的白猴，仔细观察，这个“猴脑袋”上不仅有毛发，还有两个不深不浅的凹陷。被采摘下来时，连同基部一起，正好构成一张活脱脱的猴脸，让我不禁唏嘘，此名是如此的形象贴切。

早在3000年前的商代，就有了采食猴头菇的记载，只不过，那时如此宝贝的山珍，只有在宫廷才能享用，它曾与熊掌、鱼翅、燕窝齐

名，被列为中国四大名菜之一。

古有“宁负千金粟，不负猴头羹”的说法。这里的猴头指的就是猴头菇。猴头菇营养丰富，滋补性强，荤素皆可，咸甜俱佳，以猴头菇入菜，总是宴席之上的一道压轴大菜。

猴头菇要想好吃，其做法相当繁复，三煮三煨才可唤醒这种食材原本的灵性。将干制的猴头菇入锅，小火微煮 1 小时，过冷水，削去根部木质化的部分，再入锅慢煮 2 小时，过凉水，最后慢煮 2 小时。经过三次蒸煮，猴头菇已变得软糯。但烹饪仍未结束，此时的猴头菇口味寡淡，需用鲜汤吊起丰富的滋味。将猴头菇放入鸡汤、鸭汤或鱼汤中文火慢煨，使汤中滋味慢慢融合进猴头菇。烹饪过程耗时费力，美味取得得下一番功夫。

自古“药食同源”，这朵有着仙猴灵气的山珍还有着很高的药用价值。我国中医认为，猴头菇性平，味甘，有助消化、利五脏的功能，对治疗消化系统疾病有奇效。现代医学研究发现，猴头菇能有效增加胃液分泌，减少胃酸，对胃炎、胃溃疡、十二指肠溃疡有很好的治疗效果。另外，对消化道的癌症，如食道癌、胃癌、贲门癌也有很好的治疗作用，有效率可达 70%左右。与其他药物配伍，也能显著增强药物疗效。

近年来，随着医学的不断发展，人们还发现了猴头菇的另一个神奇效用，即猴头菇还有预防和延缓阿尔兹海默症（老年痴呆症）的作用。目前，阿尔兹海默症是困扰很多老年人的多发疾病，一旦患病，会对患者及其家庭带来极大的痛苦和沉重的压力。猴头菇中所含有的猴头菇酮和猴头菇素，能诱导损伤的神经再生，并且可以保护健康的神经细胞，因此，对阿尔兹海默症有延缓和治疗的作用。除此之外，猴头菇还有缓解焦虑、减轻抑郁的作用，科研人员发现，猴头菇的提取物对神经官能症和抑郁症有辅助的治疗作用。

猴头菇在医药界，如同孙悟空一样，有着72般变化，相信在科研人员的不断努力下，在未来，还会发现猴头菇的更多妙用。

猴头 *Hericium erinaceus*

分类地位：担子菌门 *Basidiomycota*

猴头菌科 *Hericiaceae Donk*

猴头菌属 *Hericium*

分布地区：河南、河北、西藏、山西、甘肃、陕西、内蒙古、四川等

马勃

马勃发现了马勃

见多了地面上开成伞形的蘑菇，一个圆滚滚、白胖胖的家伙赫然于土壤之中，想要把它拿起，它便不乐意地喷出一口青烟，这便是马勃。担子菌门腹菌纲马勃科真菌，嫩时色白，圆球形似北方刚出锅的馒头，体形较大，嫩如豆腐；老则灰褐色而虚软，外部有略有韧性的表皮，顶部出现小孔，内部如海绵，黄褐色，一旦受到外力的作用，则喷出如烟尘般的细小孢子，仔细聆听，还可以听到“扑哧”的声响。民间俗称马蹄包、马屁泡。马勃的孢子是由菇

体内部似海绵状结构的产孢结构产生的，产孢结构的外层则是由多层包被膜包裹着，这层包被膜富有弹性，马勃在受到外力挤压时会发生凹陷，外力消失时，它又会恢复原状，这种结构能很好地保护内部的产孢结构，又能使孢子通过自身的机械力传播出去。我想，人们经常用到的吸耳球（皮吹子），可能就是受到聪明的马勃的启发而发明出来的吧！

成熟的马勃虽灰头土脸，但它可是一剂良药。马勃入药由来已久，早在《名医别录》中就有记载，称其“味辛平无毒，主治恶疮马疥”。后南梁陶弘景在其所著的《本草经集注》中详细地描述了其作为药材的性状，之后，历代名家医书，诸如《千金翼方》《本草纲目》《植物名实图考》等都对马勃有着翔实的记述。

马勃药性平、味辛、无毒，人们最熟知的药效功用便是止血。相传古代有一个名叫“马勃”的樵夫上山砍柴时，不慎弄伤手臂，当场血流不止，在慌乱之中，伤口触及地上一圆球形的包子，这地包儿“扑哧”一声冒出烟来，后来马勃的伤口竟奇迹般地愈合了。此消息不胫而走，十里八乡便把这一神奇的地包儿称作“马勃”，后人也就一直沿用马勃这一名字了。

现代医学研究发现，马勃中所含的马勃素、麦角固醇等生物活性成分对金黄色葡萄球菌、绿脓杆菌、变形杆菌及肺炎双球菌都有很好的抑制作用，因此也被用于外科手术中的止血消炎剂中。其止血效果不亚于止血海绵，并且还具有抗感染的功效，提高了创面的愈合率，真是优良的医疗材料。马勃的药用价值可不仅限于止血这么简单，它对咽喉肿痛、扁桃体炎、腮腺炎等咽喉疾病有很好的疗效，与蛇蜕灰烬制成散剂可治疗咽喉肿痛、吞咽困难；与马牙硝、砂糖制成药丸可治失声；与蜂蜜炼制成蜜丸，可治疗久咳不止。另外，若与蜂蜜混合成膏，就成了另外一剂良方。以前，经济并不像现在这样发达，北方的人们在冬日里很容易患上冻疮，每年秋天，农民们便上山寻得马勃，晾干后小心地收着，冬日里，自家人或是街坊邻里有人患了冻疮，便可找来马勃进行治疗，将马勃涂于患处，去腐生肌，冻疮很快便消失得无影无踪。现如今，科研人员对马勃进行深入研究，发现其中含有的碱性粘蛋白对癌细胞也有抑制和杀灭作用，可用于治疗咽喉癌、淋巴癌和甲状腺癌等诸多癌症，并且对白血病也有一定的疗效。

马勃虽其貌不扬，灰头土脸，但在守护人类健康的方面起着不可小觑的作用。纵观这天地间的草木鱼虫，样样都有其独到的本领，或救死扶伤或相生相克，人类切不可因为自身的贪婪而打破自然的平衡。

马勃 *Lycoperdon perlatum*
分类地位：担子菌门 *Basidiomycota*
马勃科 *Lycoperdaceae*
马勃属 *Lycoperdon*
分布地区：山西、陕西、辽宁、甘肃、河北、湖北、内蒙古、广东、广西等

地星

繁星落地救苍生

关于止血功能，除马勃以外，不得不说它的“兄弟”地星。地星的包被分为内外两层，成熟的地星由于外包被上下的张力不同，随机开裂成多瓣，犹如星辰的光芒，甚是好看。初识地星，人们总会被它奇特的外表所吸引，星芒的内部托举着圆滚滚的内包被，内包被里面包裹的就是可以用于止血的孢子粉了。待地星再成熟一些，内包被的顶端就会自然裂出小口，只需稍加外力，孢子便可随风散播了。

地星的分布很广，我国的东北、华北、西

北、华东、中南、西南甚至西藏都有分布。拥有如此奇特外表的地星，如果在野外遇到它并不难认出，可真到了野外，多方探访，它的足迹却并不常见，如果你足够幸运的话，有可能见到一两个外包被已经裂开的或是已经干瘪的地星。地星的孢子直径仅 5 微米左右，约为头发丝直径的 1%，轻到可以随空气飘荡。一棵地星一次性能产生 3 亿个以上的孢子，如此大的繁殖量，为何还是如此的难觅踪迹呢？这是因为它并不是一开始生长就长成星状，初期生长的地星仅仅只是一个不足 1 厘米的棕灰色小球，并且深埋于土壤中，随着子实体的不断长大，它才会破土而出，半裸露出土壤中。一个仅 1 厘米左右的浅棕灰色小球儿，而且仅有一半露出地面，想要从野外枯枝败叶、蛇虫鼠穴的复杂环境中发现它，那你可得有福尔摩斯般的探案精神了。待到地星子实体长得再大一些，大约长到直径 2 厘米，由于内外包被组织结构的差异，它们的张力不同，外包被就会随机裂开来，形成星芒状，裸露出灰白色的内包被。裂开后它的直径就可以达到 5~7 厘米了，再加之颜色也明亮了许多，这样的形态，我们就不难寻找了。

由于外包被吸收水分的能力不同，会呈现出不同的形态。清晨时分，当森林里雾气氤氲，地星的外包被就会反卷，凸显出圆形的内包被，仿佛想要努力吮吸空气中的水分；当雾气散去，骄阳炙烤森林，空气中的水分也藏了起来，它就会向内收敛起自己的星芒，把它的内包被保护起来。地星的这种变化，被观察者们形象地称为“森林的湿度计”。

地星的本领可并不局限于指示森林湿度这么简单，被人熟知的还是它的药用价值。地星具有清肺、利咽、解毒、消肿、止血之功效，常用于咳嗽、咽喉肿痛、痈肿疮毒、冻疮流水、吐血、外伤出血等治疗。日本的《西园菌谱》记载：“状似马勃，大如弹丸及粉团，色似松露，嫩时食似松露；老则自剖为瓣花，内赤有指头大者，弹之出黄粉，止血之功，解疮毒，利消肿，若误入耳，则令人聋。”后经考证，这里面描述的就是地星，但它是否会令人耳聋，目前尚无从考证，但也奉劝人们，还是不要以身试险，毕竟有任何异物入耳，对耳朵都是没有裨益的。

地星 *Geastrum triplex*
分类地位：担子菌门 *Basidiomycota*
地星科 *Geastraceae*
地星属 *Geastrum*
分布地区：全国多地均有分布

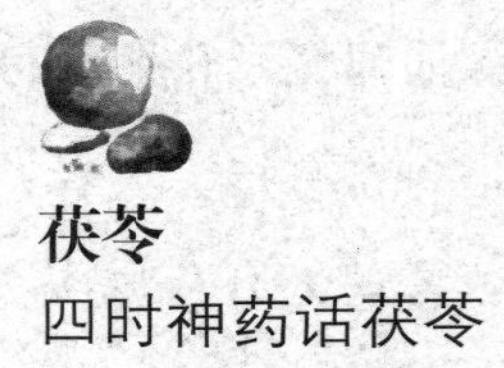

茯苓

四时神药话茯苓

提到茯苓，首先想到的则是“茯苓饼”，一种薄如蝉翼、透如冰凌的北京著名小吃。据传，茯苓饼也是慈禧太后最喜欢的小吃，茯苓服之，可肤白貌美，延年益寿。茯苓不仅慈禧太后喜欢，就连北宋时期的大文豪苏轼也为之倾心。苏轼善于研制美食，在茯苓中加入芝麻，以蜂蜜调和制成茯苓饼，并为茯苓作了《服茯苓赋并引》，其中写道：“茯苓可固形养气，延年却老，安神定心，颜如处子，绿发方目，浮游自得。”苏轼不仅文采斐然，更是美食老饕，如今

看来苏轼还是一位养生达人。

茯苓甚好，到底为何物呢？茯苓俗称云苓、松苓、茯灵、不死面，是生长在赤松、马尾松根部的真菌菌核（真菌储藏营养物质、抵御不良环境而形成的一种休眠体），外皮黑褐色，里面却洁白如雪，小的如土豆大小，大的可达数十千克。当生长条件适宜时，茯苓的菌核会像种子一样萌发，长出菌丝体，甚至形成地面的营养繁殖体。

茯苓在我国的入药历史已长达几千年，有着“四时神药”之称。它的功效广泛，各个部位都可入药，并且功效各不相同。茯苓最外层的灰褐色外衣，被称为茯苓皮，有利水消肿的功效；脱去外衣后露出的淡红色的部分被称为赤茯苓，主要有除湿利水的功效；切去赤茯苓，露出白色的菌核，这才是我们常见的白茯苓，主要有健脾消食、强健脾胃的功效；如果运气好的话，在白茯苓的最中心可以看到松树细小的松根，这个更是宝贝，被称为茯神，有静心安神之功效，真可谓“一菌生四药，疗效各不同”。我国著名的《神农本草经》、张仲景的《伤寒杂病论》、孙思邈的《千金要方》中都详细记载了关于茯苓的药方，到了宋代以后，对茯苓方剂的记载就更多了，已经多达 2000 多篇。茯苓作为臣药，可与多种药物配伍，所治疗的疑难杂症也多种多样，利用茯苓来治疗疑难杂症的事例不胜枚举，就连最早的儿科医生钱乙都用茯苓来治疗自己的风湿病，才得以骨骼强健。

茯苓不仅上得了药方，还入得了厨房。我国从汉代起就有食用茯苓的历史，汉朝大史学家褚少孙说，茯苓能使人“食而不死，延年益寿”，另外再加之茯苓洁白如面粉，就有了一个“不死面”的俗称。王孙贵族纷纷食用茯苓，就连皇帝的赏赐，都视茯苓为高规格的殊荣。相传历史上著名的医药家陶弘景在告老还乡时，皇帝就赐予他每月 5 斤上等的茯苓、2 斤上等的蜂蜜作为他的退休金，最终陶老先生活到了耄耋之年，在一个平均寿命只有 37 岁的南北朝时期，如此高寿，可能也有茯苓的功劳吧！

时光流转，在这个瞬息万变的时代，唯一不变的是人们对美食与健康的追求。江南小镇的著名小吃“八珍糕”，北京的特色零食“茯苓饼”，广州惬意早茶“茯苓粥”中都有它的身影，我们在享受美食的同时，也收获了这个菌类给我们的身体带来的诸多益处。现代医学研究表明，茯苓中的主要成分茯苓聚糖、茯苓酸、层孔酸、麦角固醇、胆碱等对人体都极为有益，可以提高免疫力，抑制肿瘤生长。此外，有研究表明，茯苓的提取物还有抑制病毒生长的作用，这也为人类治疗由病毒引起的疾病提供了很好的药材。

茯苓 *Wolfiporia cocos*
分类地位：担子菌门 *Basidiomycota*
多孔菌科 *Polyporaceae*
茯苓属 *Wolfiporia*
分布地区：云南、安徽、湖北、河南、四川、陕西等

蝉花

非蝉非花乃是菌

鸟儿啼鸣，虫儿欢腾，秦岭山中，一片升平，响声中，最为出众的当属蝉鸣，那声音时而高亢嘹亮，时而浅声低吟。秦岭南麓，海拔1000米，茂林修竹，松栎掩映，植物茂盛、空气湿度大、土质肥沃疏松的地域正适合蝉的生长，当然也适合“花”的生长。明代刘基有诗云：“雨砌蝉花粘碧草，风檐萤火出苍苔。”诗句中就有提到蝉花。那么蝉花又是什么呢？蝉花其实是一种具有动物“蝉”的外形和植物“花”的形态的特殊菌物。

蝉花的形成与大名鼎鼎的冬虫夏草相似，蝉从幼体到羽化，要在土壤中蛰伏几年甚至十几年，最后一次钻出地面到达树干进行蜕变，才能成为歌声嘹亮的鸣蝉，而这长达几十年的土中蛰伏过程中，难免会遭遇病菌的侵袭。一类叫作蝉棒束孢霉的真菌侵入幼蝉的体内，会把蝉的幼体当成了培养基，不断地吸收着营养，最终幼蝉肉体被菌丝全部充满，只剩下一具躯壳。待到翌年，春暖花开之时，雨水丰盈之季，菌丝体也将冲破蝉壳的束缚，从蝉的头部开出“花”来，三五天后，花柱上部乳黄色的花粉便是蝉棒束孢霉的孢子粉，孢子粉随风飘散，落入土壤，也将进行新的侵染。

蝉花入药，早在魏晋南北朝时期的《雷公炮炙论》中就有记载，李时珍的《本草纲目》中明确其功效与性状：“蝉花性寒，味甘，无毒，可治疗惊痫，夜啼心悸，功同蝉蜕。”民间还有用它来治疗视物不明的病症。另外，还有不少古代医学专著记载了以蝉花入药的方剂。现代医学则将其发扬光大，用于攻克人类顽疾——癌症，蝉花的孢子粉对治疗胰腺癌、胃癌、宫颈癌、肝癌和肠癌甚至是白血病都有作用；蝉花对肾病也有着很好的疗效，陈以平教授研制的“金蝉补肾汤”就是针对慢性肾病、肾衰竭病人研制的，给肾病患者带来了福音。另外，蝉花还有镇痛、镇静、解热、安眠的作用。

古代医家的伟大之处在于探索、发现并为人所用，可终归受到条件与方法的限制，知其然却无法知其所以然。现代科研人员在传统研究的基础上开展了对其有效成分、药理作用、作用机制的深入研究。经研究发现，蝉花的主要成分是虫草素、虫草酸及虫草多糖等，因此蝉花与冬虫夏草在疗效上如出一辙，唯有药性不同，蝉花药性寒凉，适合内热体质的人群使用；冬虫夏草则药性甘平，适合体质寒凉的人群使用。不知道是否是因为蝉花生长在幽闭湿热的林中，而冬虫夏草生长在寒凉的雪域高原，似乎它们的存在也是为了滋养原生地的生命。

由于蝉和菌对环境条件的要求都高，两者的结合更是存在着一定的偶然性，致使野生的蝉花资源非常有限，实属无法满足广大患者和食客的需求。我国的科研工作者也在致力于研究蝉花的人工培养，经过漫长而艰苦的努力，终于实现了蝉棒束孢霉子实体的人工培养，为需要以蝉花入药的患者带来了福音。

一只鸣蝉，数年的蛰伏，蜕皮后的蝉壳成为一味中药，被中医称为“蝉蜕”，不幸感染了真菌，生成蝉花，也会成为救死扶伤的一味中药，让人无不感叹这一小小草虫的伟大，以及自然的神奇。

蝉花 *Isaria cicadae Miquel*
分类地位：子囊菌门 *Ascomycotion*
虫草科 *Cordycipitaceae*
棒束孢属 *Isaria*
分布地区：四川、陕西、江苏、浙江、福建等

虫草
非虫非草还是菌

佛教有言：“一花一世界，一叶一菩提。”说过了菌物界的花，还有一棵不能被忽视的草，就是虫草。虫草的种类很多，最著名的当属冬虫夏草。它的菌体生长与蝉花类似，当冬天蝙蝠蛾的幼虫蛰伏在土壤中时，真菌便开始入侵，寄生在幼虫体内，待到来年春天，真菌菌丝长出子实体，外观酷似一棵小草，因此得名冬虫夏草。唯一不同的是，真菌要攻击的对象不再是蝉，而是蝙蝠蛾的幼虫。

提起冬虫夏草，我们首先想到的则是它高

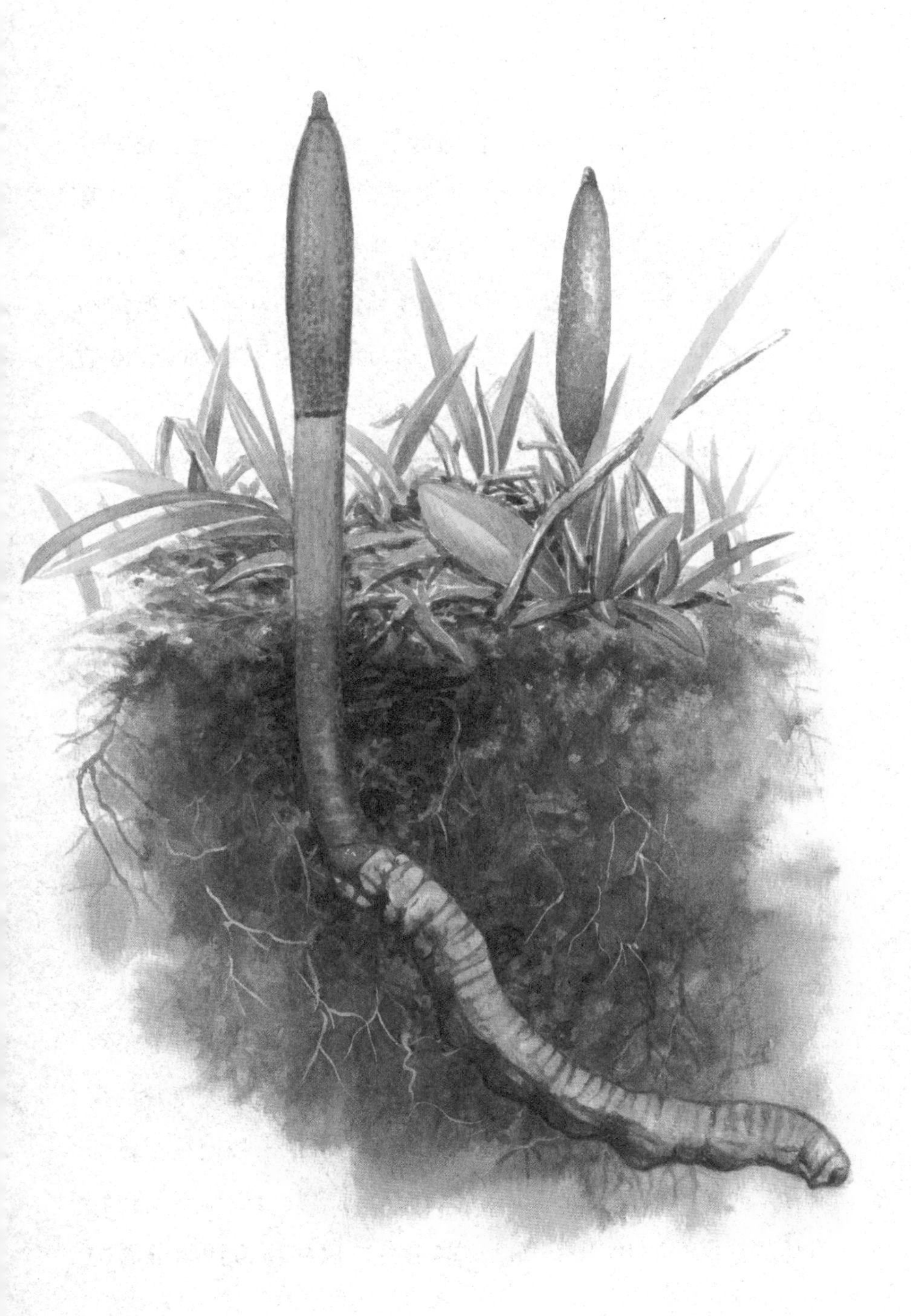

昂的价格，从20世纪80年代的每千克100元左右，一路飙升到现如今的每克超过500元。如此堪比黄金的价格，难道它真的拥有起死回生的疗效吗？据现代科学分析，冬虫夏草中主要的成分为虫草酸，它具有改善肾脏微循环和局部血流量的作用，同时具有调节肾上腺素以及与性功能有关的内分泌的作用。虫草中另外一个活性成分便是虫草素，它存在于蛹虫草中，是一种新型广谱抗生素，能抑制细菌和病毒，对恶性肿瘤也有抑制作用，科学家可以通过培养蛹虫草来提取出虫草素。

虫草虽有药用价值，但并非不可替代，可为什么它的价格会远远超出它的价值呢？冬虫夏草中，蝙蝠蛾的幼虫是冬虫夏草菌的唯一寄主，然而蝙蝠蛾却只生长在海拔3000米以上、年平均气温仅为1.5 ℃的高山草甸中。特殊的海拔与气候，造成了它生长极为不易，产量也非常低的现状。目前，我国一年的冬虫夏草的产量仅为3~5吨，冬虫夏草已入选了最新一期的《中国濒危物种红色名录》，它的珍贵程度可见一斑了，自古以来，都是物以稀为贵嘛！

一支虫草不足一克的重量，虽具有保健功能，但并非不可或缺，很多保健品都可代替，但它的生态价值却远大于它的药用价值。冬虫夏草菌可通过感染蝙蝠蛾的幼虫来控制蝙蝠蛾的数量，而蝙蝠蛾数量的减少，可以有效缓解其对高山草甸植物的啃食，从而保障了高山植物的生存。以植物为食物链的起点，它支撑着高山地区一个庞大而又脆弱的生态系统，高山生灵彼此牵制，彼此依存，环环相扣，缺一不可，一旦这条脆弱的生态链上的任何一环出了问题，必将影响到整体，最终也会波及我们人类自己。

目前，很多科研人员正在致力于对不同虫草的人工驯化及培养，对虫草菌进行液体深层发酵培养，通过生物技术手段，高效、便捷、直接地获取我们所需要的有效成分，使得虫草的价格回归理性。最终，人们将不再盲目追求高消费的心理需求，也使得大自然赐予我们的这一生灵能更好地造福人类。

虫草 *Cordyceps sinensis*

分类地位：子囊菌门 *Ascomycotion*

麦角菌科 *Clavicipitaceae*

虫草菌属 *Cordyceps*

分布地区：四川、云南、甘肃、西藏、青海、贵州等

小皮伞

伞菌中的小不点儿

夏季，若能去森林里走一遭，你不仅能看到像馒头一样的马勃，似繁星散落的地星，长满毛发的猴头，若仔细观察，在一堆枯枝败叶里，还会发现一个伞状的小不点儿。有的伞柄直径甚至不足 1 毫米，瘦瘦高高，头上顶着一个颜色绚烂的小伞。夏末秋初，森林褪去炎热的暑气，当一场秋雨过后，湿漉漉的枯叶以及小树枝上便开始萌生新的蕈菌，它们个头儿并不大，菌柄又细又长，10 厘米左右的菌柄，直径甚至不足 2 毫米，坚挺地支撑着菌盖。一阵

风吹过，这种菌子摇曳的身姿，很像杂技演员的传统节目转盘子，但颜色却丰富得多，白色、红色、黄色、紫色、琥珀色，每一朵都是大自然的调色，这一类蕈菌就是小皮伞。

小皮伞的种类很多，菌盖奶油白色的是叶生小皮伞，主要的作用是分解落叶，将植物的养分归还给土壤。还有玫红色的是玫瑰红小皮伞，有着紫色条纹的是紫条沟小皮伞，泛着琥珀色光泽的则为琥珀小皮伞。在小皮伞家族中，最为著名的当属安络小皮伞，淡褐色的菌盖接近平展，中部呈肚脐状凹陷，肉质很坚韧，菌柄直径不足 1 毫米，像极了细铁丝，常生长在低海拔的林区。你别看它个头儿不大，它长在地底下的菌索最长的可达 2 米左右。也是由于它的黑色、密生的针状菌索，所以它还有个别称，叫作“鬼毛针”，它的这个别称可没有它的大名好听。

安络小皮伞虽然个头儿不大，药用价值却很高。它所含的麦角固醇及肉桂酸等物质具有镇痛作用，以安络小皮伞为原料研制出的“安络痛”等止痛药物，可用于治疗三叉神经痛、偏头痛、骨折疼痛、坐骨神经痛、风湿性关节炎引起的疼痛，并且人体并不会对此类止痛药产生药物依赖，是一类安全、无毒副作用的止痛药。它还对风湿关节炎有良好的疗效，有消除关节炎症、降低血沉速度的作用。另外，安络小皮伞对颈椎病和脑外伤后头痛有良好疗效，能有效地减轻或消除患者的疼痛，使患处的功能渐渐恢复。

小小的菌菇，竟有如此大的作用，有人会疑惑，安络小皮伞这么小的个头儿，需要多少才能获得足够生产药物的原料呢？别担心，科研人员自有办法，他们将安络小皮伞的菌丝进行提取、优化及培养，通过发酵的方法来获得足够的药物原材料，这一切都可以在工厂里完成。在发酵的过程中，科研人员最新的研究发现，安络小皮伞发酵所产生的胞外多糖还具有抗抑郁的作用，这小小的菌菇又为新药的研发提供了新的原材料。我们相信通过不断研究，菌类将会为人类的药物研发开启一扇崭新的大门。

安络小皮伞 *Marasmiellusandrosaceus*
别名：鬼毛针
分类地位：真菌门 *Eumycota*
白蘑科 *Tricholomataceae*
小皮伞属 *Marasmius*
分布地区：福建、湖南、四川、陕西、云南、吉林等

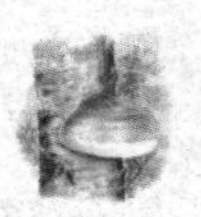

桦剥管菌、桦褐孔菌、桦革裥菌

桦氏三兄弟

秦岭山中多林木，落叶、阔叶、针叶混交林比比皆是，栎树、油桐、松柏、杉树，棵棵高大挺拔，当然也少不了各种桦树。有桦树生长的地方，便会孕育出桦剥管菌、桦褐孔菌、桦革裥菌“桦氏三兄弟”。这三兄弟同宗同源，同为多孔菌科真菌，同生于桦树，坚硬的秉性是它们的家族徽章。

桦氏三兄弟之老大桦剥管菌

对于研究生物分类学的科研工作者来说，不去野外的假期是不完美的假期。研究植物学

老大桦剥管菌

的朋友们，正利用假期在秦岭山中做野外考察，前几日，有位朋友突然从秦岭山中发来一张照片，上面是一个大过手掌，外形椭圆，外圈灰白、中间有着淡褐色的蕈菌，他打趣地问我："这个烧饼是什么菌?"仔细辨认菌的腹面，是一层颜色稍深的菌管层，应该是多孔菌科的蕈菌，继续向他询问采集地，他说："是采自于桦树树干。"据此，我进行了初步判断，这应该就是大名鼎鼎的桦剥管菌，从照片中的参照物来看，该菌的个头儿足足超过 20 厘米，称得上老大了。

秦岭多桦树，桦剥管菌俗称"白灵芝"，属桦木属专性木腐菌，幼嫩时可食用，再长大一些，木质化加重，便无法再食用了。另外，它还是药用真菌之一，抗菌、消炎、抗病毒自然不在话下，它对分枝杆菌、化脓小球菌都有抑制作用，还可抗击脊髓灰质炎病毒；它的子实体提取物，对小白鼠肉瘤 180 也有抑制作用。因此，桦剥管菌跻身于药用菌的行列，一点儿也不为过。

桦剥管菌作为桦氏三兄弟中的老大，其生长速度也是最快的，这超过 20 厘米的个头儿，一季时光便可长成。春华秋实，草木荣枯。它如一年生植物那般，春季里，深藏于桦树树干中的菌丝体开始幻化为桦剥管菌的子实体，接受深林雨露的滋润，吸收桦树母亲的无私滋养。到了夏季，身形便可超过 20 厘米，长成了一个显眼的大家伙，挂在桦树主干上，随时彰显它老大的派头。它对温度的适应性很强，北到黑龙江，南到贵州，就连西藏、新疆都有它的身影，凡是有它的桦树母亲在的地方，它便可安然存在。

桦氏三兄弟之老二桦褐孔菌

桦家的老二桦褐孔菌，不及老大桦剥管菌那般对温度的适应性广，它是一个怕热不怕冷的家伙，中国北部的黑龙江、吉林长白山等地，俄罗斯北部地区、北欧、日本北海道、朝鲜才有它的身影。耐寒是它的秉性，并且能忍受俄罗斯西伯利亚–40℃的寒风。它生长的环境虽恶劣，但寿命却是三兄弟中最长的，生长期长达10~15年，直至桦树母亲的营养被吸收殆尽，才会停止生长。虽有如此长的生长期，个头儿却还是不及老大，可见它的生长速度是多么缓慢。

桦褐孔菌也不及老大那般拥有如灵芝般俊秀的外形，它的外表通常为块状不定形，质地坚硬，黄褐色至黑色，有明显凹凸不平、开裂的小块，菌肉为黄褐色。一眼望去，它并不像传统认知中有着奇特外形、靓丽颜色、质地脆弱的蕈菌，而更像是山间一块无人问津的朽木，如果掉在地上，也许还会被人们当作动物粪便而绕行。

桦褐孔菌虽容貌不佳，但本领可不小。高寒地带的人们为了御寒往往摄入过多高脂肪的食物，从而导致肥胖和糖尿病的发生，人们就会拿桦褐孔菌来熬饮。用桦褐孔菌制成的茶饮，无论是色泽还是气味都像极了咖啡，长期饮用这种茶饮，患糖尿病及肥胖并发症的概率比正常饮食的人群还要低。因此这种天然的饮品，也被当地人称为“上天赐给苦难之人的神奇礼物”。俗话说“良药苦口利于病”，桦褐孔菌茶饮不但帮助人类消除病痛，还给予了人们如咖啡般的味觉享受。

桦褐孔菌不仅作为人类“天然的胰岛素”，用来抗击糖尿病，它其中含有的“真菌多肽蛋白”对多种肿瘤细胞也有抑制作用，并且能防止癌细胞的转移，对康复有促进作用。它焦糖般的颜色也有诸多功能，该菌的提取物作为天然的色素被用于饼干、面包、香肠、饮料的调色中，甚至还可以被用于染发剂中。

桦氏三兄弟之老三桦革裥菌

桦家小弟桦革裥菌，同样也是桦树孕育的一剂良药，但它的样貌可比二哥桦褐孔菌贵气得多。它拥有一身赭黄色的金丝绒外衣，菌盖半圆形、扇形至贝壳形，个头儿不大，最宽处不足 10 厘米，有明显的同心环带，腹面菌管褶片状，菌褶革质，新鲜时为白色，失去水分后渐渐变黄，全国的大部分地区都有分布，走在树林里，不经意间就会遇到它。

桦革裥菌和它的大哥、二哥一样，也可以用来治病救人，它具有祛风散寒、舒筋活络之功效，主治腰腿疼痛，手足麻木，筋络不舒，四肢抽搐，同时也是一剂中药“舒筋丸”的主要原料。现代医学发现，桦革裥菌的提取物同样具有抗肿瘤的本领。科研人员对它的深入研究中还发现，它其中含有多种对人体有益的微量元素及氨基酸、牛磺酸等营养元素。看来桦氏三兄弟中的老三，除治疗疾病以外，还多了一项营养保健的功能。另外，桦革裥菌中产生的甘露糖和鼠李糖，可做生物试剂；岩藻糖和草酸，还可用作制造蓝墨水和清除涂料。

正如所谓“龙生九子，各有不同”。桦氏三兄弟虽都产自桦树，同为药用真菌，但本领却各不相同。老大桦剥管菌，抗菌消炎，抗击病毒不在话下；老二桦褐孔菌攻克人类顽疾肥胖、糖尿病，还可用来染颜色；老三桦革裥菌，可使人类强筋骨，药性温和，可保健。桦氏三兄弟，各个有本领。我相信，随着技术的不断发展，人类对真菌研究的不断深入，人们一定还会挖掘出它们更多的本领。

桦剥管菌 *Piptoporus betulinus*
桦褐孔菌 *Inonqqus obliquus*
桦革裥菌 *Lenzites betulina*
分类地位：真菌门 *Eumycota*
多孔菌科 *Polyporaceae*
分布地区：黑龙江、吉林、辽宁、内蒙古、甘肃、四川、陕西、云南、贵州等

肆

收入囊中

羊肚菌

羊肚一样的美味

初听羊肚菌的大名，第一反应则是一定长得像羊肚。没错，黑褐色的菌盖，皱皱巴巴的，布满了小坑，新鲜的羊肚菌就连摸上去柔软的手感，也像羊肚一般，难怪人们给它起了如此贴切的大名——羊肚菌。据说，羊肚菌是由南非真菌学家佩尔松在200多年前发现的。羊肚菌作为一种美味无比但长相奇葩的菇类，真的很佩服第一个品尝它的人。只有克服心理恐惧，敢于冒险的美食家，才能为人类寻得如此美味，为大众的餐桌又添一个新成员。

别看羊肚菌其貌不扬，长相甚至有些怪异，但它留在唇齿间的美味，软嫩馥郁的口感，却给人们留下了深刻的印象。羊肚菌为什么会鲜味儿十足呢？这是因为它富含多种氨基酸，特别是谷氨酸含量高达 1.8%。众所周知，谷氨酸盐是味精的主要成分，难怪羊肚菌会有如此的鲜味，原来是天然的味精。因为它的美味，价格当然也不菲，因此便诞生了一个特殊的职业——采菌人，他们追随羊肚菌生长的足迹，一路采撷，只为满足食客们的口腹之欲。

野生羊肚菌身高并不高，大多只有不足 10 厘米的个头儿，黑褐色长卵圆形菌盖占据其身高的大部分。全世界有 3 属 38 种，皆为美食，在我国的大部分地区都有它的身影，每年到了四五月份，在营养丰富的高山林下便能看到它们的身影。有趣的是，它们特别喜欢追逐山火，一场人类视为灾难的山火过后，它们便噌噌地往出冒，其中的缘由，至今还是个谜。有人猜测，山火带来了丰富的草木灰，其中的营养物是羊肚菌所喜欢的；也有人认为，山火毁灭了土壤以上的其他生物，却帮助羊肚菌拓展了广阔的生存空间，使得它能够肆无忌惮地生长。尽管如此，它的生长量远远不能满足世间众多“吃货”们的味蕾，随着野外采摘量的加大，野生羊肚菌资源也变得稀少，唯一的解决途径便是将它请入厂房，实现规模化人工栽培。说来容易，真正实施起来，这一过程却是艰难而又漫长的。羊肚菌的人工驯化早在 100 多年前的英国、美国、法国等国家就已经开始，但始终未能成功。羊肚菌的种类繁多，而且各有各的脾气秉性，要想驯化它们，必需先将它们的生长特点、营养喜好了解得一清二楚才行，从发现它到完全驯化它实现人工栽培，人类整整用了 200 多年的时间（1794 年发现）。值得庆幸的是，菌物学家的努力终究没有白费，他们的辛劳智慧，换来了大众的一饱口福。

近年来，我国有了羊肚菌工厂、羊肚菌基地、羊肚菌学会、羊肚菌节，还有一大批仍然致力于羊肚菌研究的优秀菌物学家。羊肚菌最终将以低廉的价格、优良的品质、美味的口感征服更多的食客。

羊肚菌 *Morchella esculenta*
别名：羊肚菜
分类地位：子囊菌门 *Ascomycotion*
羊肚菌科 *Morchellaceae*
羊肚菌属 *Morchella*
分布地区：河南、陕西、甘肃、青海、西藏、新疆、四川、山西等

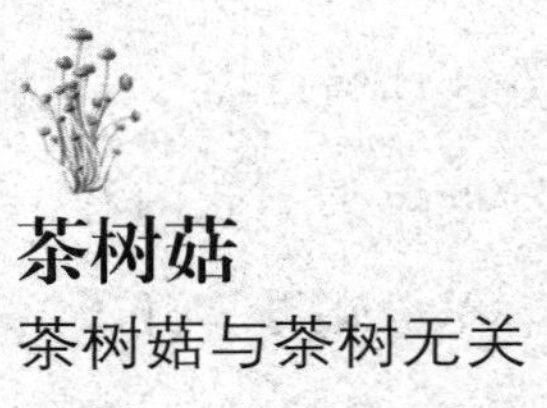

茶树菇

茶树菇与茶树无关

陕南气候温润，属亚热带气候，盛产种类繁多的植物，当然也产油茶树，有油茶树的地方，当然就少不了一种与其相伴而生的菌菇——茶树菇。说到茶树菇，对于这一美味很多人其实并不陌生，但大多数人会认为，茶树菇是生长在制作茶叶的茶树上，其实不然，野生茶树菇只能与油茶树相伴而生。在自然条件下，茶树菇生长在油茶树的根部或树木的周围，每当春夏之交或中秋前后，茶树菇就会从油茶树的周围一丛丛地冒出来。如果你看到一丛丛

冒出来的茶树菇，可别以为那是当年生长的。茶树菇虽是木腐菌，但对木质素、纤维素分解能力很弱。野生茶树菇的生长速度非常慢，往往受到上一年降水量的影响，也就是说，上一年的降水量多，第二年的四五月份才会有大量的野生茶树菇生长；如果上一年的气候较干旱，第二年的野生茶树菇生长量就非常少了，甚至很难看到它的身影了。

既然在野外的产量如此的少，它的味道又是这么的鲜美，人们当然就要想办法实现茶树菇的人工种植。直到 20 世纪 50 年代，我们的科研人员经过大量的实践，才终于实现了茶树菇的人工种植。既然它分解木质素的能力弱，那就给它一些好消化的食物，麦麸、棉籽壳都是它可口的食物，人们还别出心裁地给它的配料里加入了猪粪和鸡粪等有机物。在研究过程中，科研人员还发现茶树菇中蛋白酶的活性异常活跃，蛋白酶能将环境中的蛋白质分解，形成氮素并最终被生物体所利用。由此可以看出，茶树菇是喜欢氮素的菇类，那就给它的食物中加些豆粕粉、茶籽、菜籽饼粉吧，再给它一些维生素等微量元素，茶树菇便可欢天喜地地在人工种植的环境中生长了。目前，茶树菇的种植技术已经非常成熟。

随着茶树菇栽培技术的成功，茶树菇不再是大自然里的稀罕物，已经可以走上千家万户的餐桌了。说到茶树菇，首先想到的便是广东名吃“茶树菇老鸭汤”，茶树菇韧性强，久煮不烂，老鸭肥美，入汤炖煮四个小时以上，茶树菇释放的蛋白酶能有效降解鸭肉中的蛋白质，使其变成氨基酸。茶树菇激发出鸭肉的鲜美，鸭汤也成就了茶树菇的柔韧，两种食材，相得益彰，可谓绝配。

茶树菇不但口味上乘，营养与功用也不输其他的菌菇。它富含人体所需的18种氨基酸，特别是含有人体所不能合成的必需氨基酸、葡聚糖、碳水化合物等营养成分，其中含有的菌菇多糖，更是防癌、抗癌的能手。研究表明，茶树菇与猴头菇的作用类似，同样具有保护消化系统的功能，并且可治疗胃寒、腹痛、消化不良等病症，中医认为茶树菇具有补肾、利尿、治腰酸痛、渗湿、健脾、止泻等功效，它也是高血压、心血管疾病和肥胖症患者的理想食品。

茶树菇 *Agrocybe aegirit*
分类地位：担子菌门 *Basidiomycota*
　　　　　粪锈伞科 *Bolbitiaceae*
　　　　　田头菇属 *Agrocybe*
分布地区：我国多地均有种植

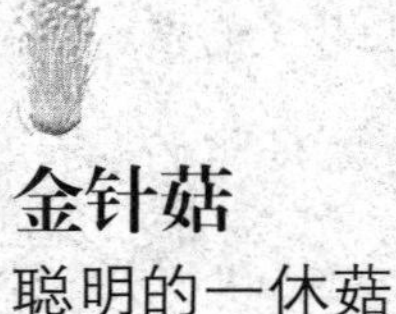

金针菇

聪明的一休菇

冬日暖阳，一顿温心暖胃的火锅，足以慰藉冬日的苦寒。吃火锅时，白嫩丰盈，软脆爽口，还略带露珠的金针菇成为人们必点的配菜。入锅后，金针菇久煮不烂，入口爽滑耐嚼，还有解腻润燥的作用。寒冬腊月，金针菇与火锅更配哦！

金针菇是典型的低温菌，最适合它的生长温度是 8 ℃~10 ℃。低温下，金针菇能旺盛地生长，因此，金针菇又名冬菇。另外，它含有丰富的氨基酸、铁、锌等微量元素，能促进大脑

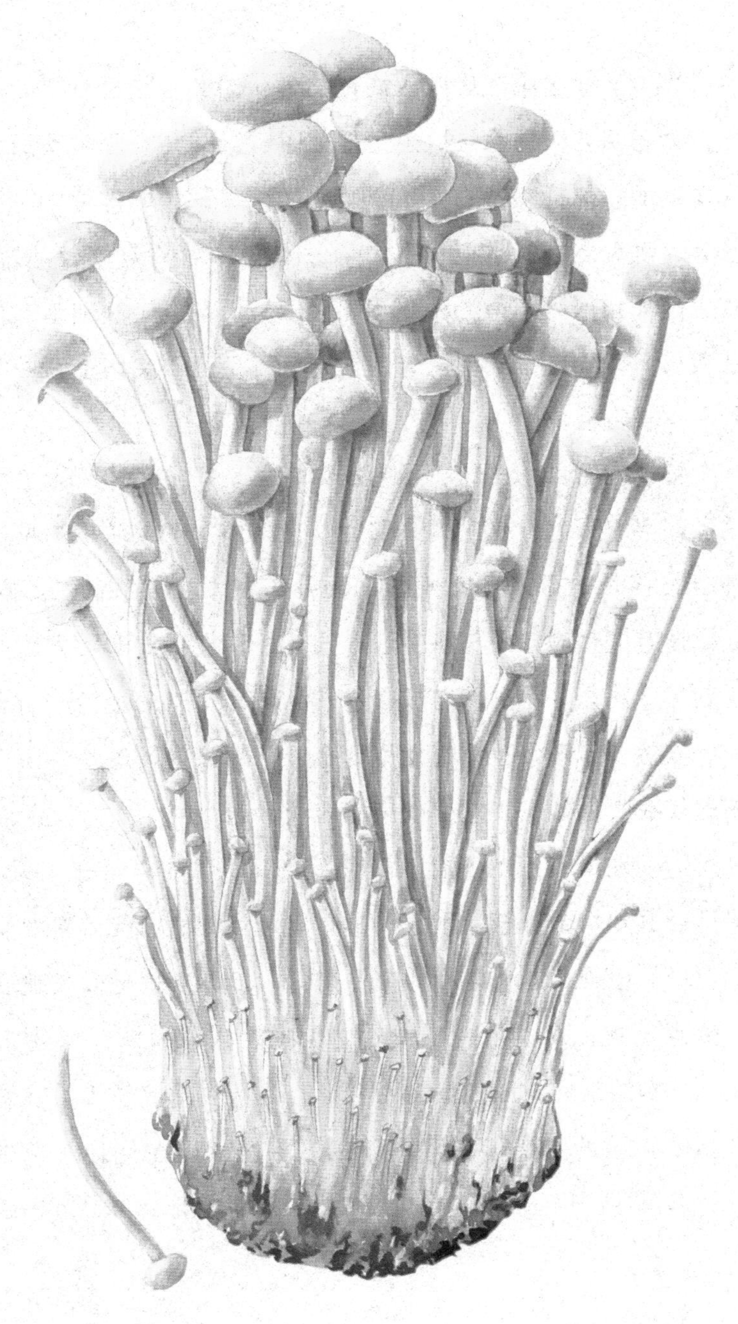

的生长发育、改善睡眠以及提高记忆力，因此，它也有了“益智菇”“聪明菇”的称号。还记得儿时看过的日本著名动画作品《聪明的一休》吗？一休是个聪明的孩子，人们常常用一休来形容这种菇，有人也把它叫作“一休菇”。金针菇不仅益智，它富含的麦角硫因，是一种能清除人体自由基、延缓细胞老化的物质，所以它还有延缓衰老的作用，于是人们又给了它一个称号——长寿菜。

金针菇的营养与美味，使它成为餐桌上的宠儿。有人也会心生疑问，它是怎样走向餐桌的呢？在野外，怎么从来没见过这种身材修长的菌子呢？野生的金针菇通常生长在杨树、柳树、榆树等的枯树干或树桩上，个头儿并没有我们通常食用的金针菇那么高，小小的菌盖成簇生长，却比食用的金针菇略大一些。当然了，颜色也没有食用的金针菇那么白皙鲜亮，所以我们即使在野外遇见了它，也未必能认得出。

我们现在所食用的金针菇已经经历了人类上千年的驯化。我国是最早栽培金针菇的国家，早在上千年前的唐代就有对金针菇栽培的记载。唐代以后，金针菇的栽培方法也随着文化交流而传到日本，日本是一个非常喜欢吃菌菇的国家，直到20世纪，日本的某些地区依然沿用金针菇的古法栽培技术。随着各个国家多年的栽培、选育、驯化，才有了现在这种产量丰盛、姿态曼妙、口感和营养俱佳的食材，并走上了千家万户的餐桌。

随着科技的进步与发展，目前，金针菇已实现了工厂化的栽培与管理。如果你有兴趣参观金针菇生产工厂，你将会被工厂里一整套安全、卫生、高效率、自动化的金针菇生产设备所震撼。如果你有机会走进金针菇生产工厂，你将会看到，一个个玻璃瓶被传送带有序地运送至生产线，然后由机械装置完成装料、灭菌、冷却、接种等一系列烦琐的过程，一切准备就绪，只待工人将其整齐地码放在电脑精确控制的恒温、恒湿的培养房中，接下来你只需要耐心的等待着时间的炼化。不久之后，一丛丛金针菇将会从广口瓶中簇拥而出，大约 2~3 周后金针菇便可采摘。采摘下来的金针菇，一路被冷链车护送便可走上千家万户的餐桌。从安全卫生的金针菇生产工厂栽培出来的金针菇，你不必担心它会被病菌感染，也不必担心它会有农药残留，一套封闭、高效的生产系统可以打消你对金针菇食品安全的所有顾虑。能有安全、营养、卫生的食物入口，我们不得不感谢科技的进步。

金针菇 *Flammulina velutiper*
别名：一休菇
分类地位：担子菌门 *Basidiomycota*
口蘑科 *Tricholomataceae*
金钱菌属 *Collybia*
分布地区：我国多地均有种植

鸡腿菇

今天晚餐加鸡腿

在这个追求健康、素食的时代，有这样一种菇，一定会受到你的偏爱，那就是鸡腿菇。鸡腿菇为蘑菇科，鬼伞属真菌，笔直的菌柄上顶着一个带有鳞片的菌伞，未开伞时，活脱脱像一只裹着一层面包糠的油炸鸡腿，于是人们赐给它一个形象又令人垂涎的名字——鸡腿菇。

鸡腿菇其实是它的小名，它的学名叫作毛头鬼伞，着实不好听，甚至还有一丝恐怖，一种蘑菇，大名和小名的差距可真不小呢！更为令人唏嘘的是，同一个蘑菇，小时候的样子和

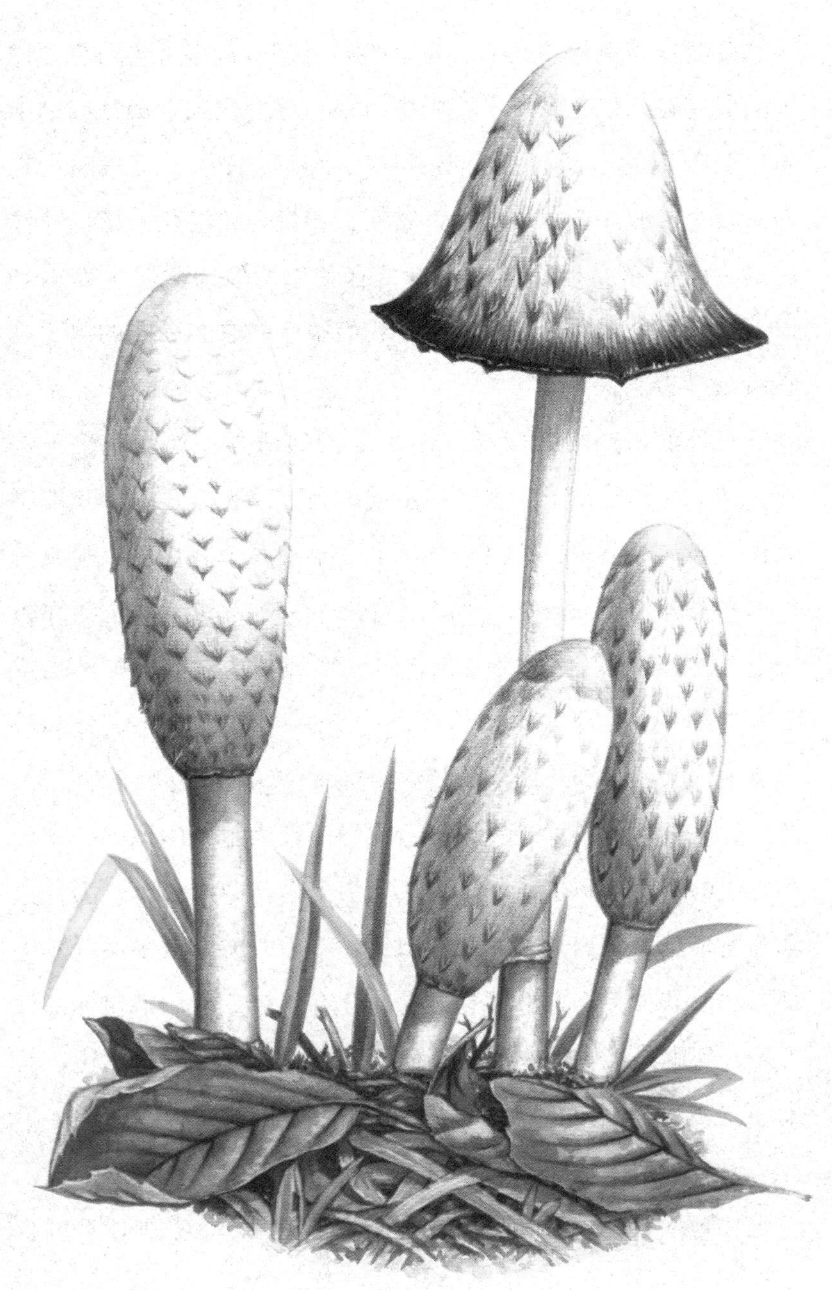

成熟后的样子也相差甚远。儿时的鸡腿菇菌盖略带焦糖色，样子酷似鸡腿，一个个从土壤中冒出来，着实让人垂涎欲滴。随着生长周期的不断延长，鸡腿菇的个不断长高，菌盖随之打开，开伞后的鸡腿菇质地不再紧实，慢慢开始溶化，黑色液体一滴一滴地滴向地面，也不再具有食用价值，样子也变得恐怖。在野外见到它衰老的样子，我们很难将它和美味的鸡腿菇联系在一起了。

野外的蘑菇通常生活在阴暗潮湿的地方，鸡腿菇也不例外，唯一与其他菌菇生长环境不同的是，鸡腿菇喜欢生长在腐败程度高的环境中，甚至是粪便上。早期人工栽培的鸡腿菇就是种在马粪上，就连它的属名 Coprinus，本意也是“生活在粪便上”。很难想象，就是生长在这种环境中的蘑菇，竟然也成了人类的美食，于是不由得敬佩第一个“吃螃蟹的人”，如果没有他的大胆尝试，我们至今对美味的鸡腿菇还是绕道而行、敬而远之吧。如果你足够幸运，在野外较为干净的地方碰到了小时候的鸡腿菇，也请勿采食。毛头鬼伞与鹊拟鬼伞、墨汁鬼伞等鬼伞属的菌菇长相非常相似，一不小心便会误采误食。鬼伞属的菌菇大多有毒，一旦误食，会有生命危险。即使你确认无疑，那就是美味的鸡腿菇，但它生长在粪便上、马路边、污染区，这样的生长环境，也着实让人难以提起兴趣。

想要吃到口感肥美的鸡腿菇，其实并不难，鸡腿菇现在已经成功地实现了人工栽培。安全卫生的生长环境是必不可少的，适宜的采摘时间需要精确地把控。鸡腿菇是一种适应能力极强的草腐土生菌，稻草、麦秸、棉籽壳，都可以成为它的培养基。在鸡腿菇的菌丝体上，覆盖上土，过不了多长时间，一丛丛的鸡腿菇，就会从土里冒出，在它个头儿长成、但未开伞之时采摘，方能成为我们餐桌上的美食。

有酒有肉的日子，才觉得幸福，但值得注意的是，吃了鸡腿菇，就别再饮酒了。鸡腿菇中所含的鬼伞素，能抑制人体对乙醇的代谢，吃鸡腿菇的同时又饮酒，很容易造成酒精中毒，一般会伴有恶心、呕吐、心跳加快的症状。享受鸡腿菇带来的美味体验的同时，最好还是放弃饮酒吧！毕竟很多时候，鱼和熊掌不可兼得。

毛头鬼伞 *Copyinds comatus*
别名：鸡腿菇
分类地位：担子菌门 *Basidiomycota*
鬼伞科 *Coprinaceae*
鬼伞属 *Coprinus*
分布地区：我国多地均有分布

杏鲍菇

冒充海鲜的蘑菇

与鸡腿菇同样美味的还有另外一种菇，它的口味有杏仁的清甜，也有鲍鱼的爽滑，根据这个口味特点，人们给它起了一个很好听的名字，叫作杏鲍菇。杏鲍菇学名刺芹侧耳，与市场上最常见的蘑菇（平菇），属同一家族的菌菇，但从外形上看，它们却有着很大差别。平菇的菌伞像一把大扇子，呼扇呼扇，挑选时人们也往往以菌伞的大小来评判平菇的优劣，而杏鲍菇则正好相反，粗壮、紧实的菌柄，支撑着一个小小的菌伞，菌伞的大小甚至和菌柄的

粗细差不多，远远望过去，就像是醒发好的长条形发面。每当在市场上看到粗壮的杏鲍菇，总会忍不住想要用手去捏一捏。

杏鲍菇的栽培历史并不长，在我儿时的记忆里，并没有它的身影，直到20世纪90年代，杏鲍菇才渐渐地走上了百姓餐桌。它以独特的口感、丰富的营养，一上市就得到了人们的青睐，在很短的时间内就风靡全国，而如今，它就像一位老朋友一样，成了家家户户熟知的食材。杏鲍菇的普及，还要感谢我们的邻国日本，我国从日本引进了高效便捷的栽培技术，使得杏鲍菇很快风靡中国甚至整个东南亚市场。

曾经在日本的一次网络投选最喜爱的菌菇活动中，杏鲍菇当仁不让地当选了人们最喜爱的蘑菇。杏鲍菇独特的口感，不仅受到亚洲人的青睐，作为一种开发不久的菌类，它像一阵风一样迅速吹过欧美大地，风靡于欧美各国。法式大餐、意大利面中常常都有它的身影，各国大厨使出浑身解数，展现杏鲍菇的美味。在杏鲍菇的烹饪中，七分熟度刚刚好，过熟吃起来口感太老、太轻，无法激发出像鲍鱼一样的口感。

我还记得很多年前的一次聚会当中，正餐的菜单里，有一道鲍鱼大餐，直到聚餐快结束的时候，坐在我旁边的一位朋友，很不好意思地问了我一句："不是说有鲍鱼吗？怎么没见到鲍鱼呢？"我指着一个快要见底的盘子说："那里面就是鲍鱼片。"她顿时难为情地说："我还以为那是杏鲍菇切的片呢！"后来聊天时才知道，她是土生土长的北方人，在日常的食谱中，很少接触到鲍鱼一类的海鲜，再加之量很少，又经过了深度烹饪，一时就分不出鲍鱼和杏鲍菇在口味上的区别了。这也说明，普通的菌菇与名贵的海鲜，有着异曲同工的口感，杏鲍菇有很强的以假乱真冒充海鲜的本事呢！

杏鲍菇的营养很丰富，它富含人体所需的8种氨基酸，丰富的菌菇多糖，多种维生素和钙、铁、锌等矿物质。此外，它还含有能抗氧化、清除人体自由基的麦角硫因，并且不用担心它会像鸡腿菇那样，与美酒不能相得，吃的时候，所有人都可以放心地大快朵颐，目前还没有关于杏鲍菇中毒或过敏的报道。杏鲍菇对于爱美的女士来说更是佳品，它富含的膳食纤维能帮助肠道更好地蠕动，是女士减肥的佳品。

杏鲍菇 *Pleurotus eryugii*
分类地位：担子菌门 *Basidiomycota*
侧耳科 *Pleurotaceae*
侧耳属 *Pleurotus*
分布地区：我国多地均有种植

草菇

草菇老抽来一瓶

所有的常见食用菌中，我最钟情的还是草菇，圆溜溜的草菇蛋子，像是刚卤煮好的鹌鹑蛋，而且口感绝不会输给蛋类，口味上更增添了菇类的鲜美。

相传草菇最早是被广东韶关华南寺的僧人所采食，有一天，一位僧人在华南寺的院子里洒扫的时候，无意间在寺院角落的腐败杂草中发现了这种菇，于是就把它采摘了下来，放在了离厨房不远的地方。恰巧做饭的僧人路过此处，误以为这是哪位好心的香客带给寺里的食

材，就将这种菇拿到了厨房进行烹煮，结果烹煮出来的羹汤异常鲜美。于是口口相传，这种美味的菇就作为一种食材流传开来。由于这种菇是在华南地区发现的，所以早年间，它的名字叫作华南菇。为什么人们又给它起了草菇这个充满乡土气息的名字呢？那是因为它生长在腐烂的稻草上，是典型的草腐菌，所以人们就按照它的生长习性给它起了个接地气的名字。

草菇原产于中国，所以它还有一个很有身份的名字叫中国蘑菇。我国也是草菇的第一大种植国，全球几乎 1/3 的草菇都来源于中国。它的生长速度极快，人工栽培条件下，一个生长周期仅需短短的两周时间，出菇后，5~7 天便可采收，是我们能吃到的、生长周期最短的品种之一。它不仅生长得快，而且好养活，农业废弃物稻草、秸秆、棉籽壳，都可以成为它的食物。大家应该会好奇，草菇这么好养活，在菜市场我们怎么还是很难见到它的身影呢？那是因为，作为一种好养活的菇类，它也有娇贵的一面。它对生长温度的要求极高，30 ℃左右才能出菇，温度太高或太低的话，草菇都不能形成漂亮的子实体，而且湿度、光照条件、微量元素等诸多环境因素都制约着草菇的生长。另外，由于它的生长速度快，腐败的速度也快，草菇的保鲜也成了制约草菇生产的大问题。由于这些因素，美味的中国蘑菇还不能像白菜、萝卜那样天天出现在人们的餐桌上。

这么好的食材不能天天出现在餐桌上，真是可惜。科研人员在想，既然草菇的保鲜是个难题，那就通过加工的方式来解决它吧。于是，在科研人员的努力下，草菇摇身一变，化身成一种常见调味料天天出现在我们的生活中。大家不难猜到，那就是草菇酱油了。草菇酱油不仅有酱油的作用，而且也给食物增加了菌菇的鲜香，用它烹制出的美食，鲜香浓郁，唇齿留香。草菇是怎么化身为酱油的呢？草菇酱油的加工方式多样，例如，将草菇提取液调配入酱油中；将草菇用酶法分解为风味物质，添加至酱油中；将草菇干粉添加在发酵前的酱油胚中，与酱油胚一同发酵，这些都是制作草菇酱油的方法。有草菇参与的酱油，不仅增加了酱油的风味，而且也提高了草菇的利用率，正可谓一举两得。

草菇 *Volvariella volvacea*
别名：华南菇、兰花菇
分类地位：担子菌门 *Basidiomycota*
光柄菇科 *Pluteaceae*
小包脚菇属 *Volvariella*
分布地区：我国多地均有种植

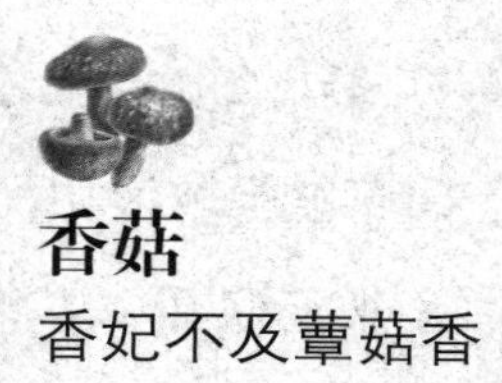

香菇

香妃不及蕈菇香

香菇又名香蕈，是烹饪界的大众情人，敢以“香”字命名，可见其香气的浓郁与诱人。每到饭馆，香菇炒青菜都是我必点菜品，青菜的寡淡配合香菇的馥郁香味，勾上薄薄的欠汁，使香菇泛出赭石色的光芒，口味上自然不逊于大鱼大肉等“硬菜”。香菇的“香”源于鸟苷酸的存在，每 100 克干香菇中含有高达 100 毫克左右的鸟苷酸，难怪香味十足。

这种几乎每天都能吃到的菇，在中国有着悠久的栽培历史。早在 800 年前的南宋，何澹

所编的《龙泉县志》中便有了记载："香蕈，惟深山至阴处有之，其法：用干心木橄榄木、名蕈木孱，先就深山下砍倒仆地，用斧斑驳木皮上，候淹湿，经二年始间出，至第三年，蕈乃偏出。每经立春后，地气发泄，雷雨震动，则交出木上，始采取以竹篾穿挂，焙干。至秋冬之交，再用偏木敲击，其蕈间出，名曰惊蕈。惟经雨则出多，所制亦如春法，但不若春蕈之厚耳，大率厚而少者，香味具佳。又有一种适当清明向日处出小蕈，就木上自干，名曰日蕈，此蕈尤佳，但不可多得，今春蕈用日晒干，同谓之日蕈，香味亦佳。"这短短的一段话，便是我们的老祖先记录下的择时、选树、选场、砍花、培育、收采、烘干、分级的整个香菇培植过程，也彰显了我们老祖先的智慧。

夏秋之交，身处秦岭腹地的略阳县又迎来了香菇的收获季，昏暗的菇房里，菇农们正在忙着采摘菌盖尚未完全展开的香菇。只见一朵朵香菇整齐地站立在菇棒上，在菇棒同一区域长出的菇体错落有致，都在静静地等待着菇农的采摘，同时它们也在期待着一场盛宴的到来。不久的将来，它们将摇身一变，成为一道道珍馐，出现在千家万户的餐桌上。

听菇农们说，菇盖的边缘仍然内卷，菌褶下的内菌膜才破裂不久时就得采收，此时菇形、菇质、风味均较优，如待菌盖全展开，菇柄纤维增多，菇质也会随之变差了。香菇品质的造就似乎也有着一份机缘巧合。香菇是中温菌，当温度低于 12 ℃

时，子实体生长缓慢，菇柄较短，这便是香菇中的上品——冬菇。在子实体形成的初期，如遇天气干燥或霜冻的袭击，香菇的子实体一般就不会再生长了，甚至还会死亡，但子实体长到约2厘米以上时，再遇到上述境况，菌盖表面会龟裂成花纹，这便成就了香菇中的珍品——花菇，其营养价值自然也比香菇略胜一筹，花菇的自然发生率仅为4%~5%，现如今，菇农们在长期的实践与摸索中，已能使花菇的发生率提高到70%~80%。“智慧源于实践”一点儿也不假。

多食香菇的益处可谓不言而喻，香菇中含有的维生素D的含量是大豆的21倍、叶菜类的10倍。现如今，人们的生活水平已发生了翻天覆地的变化，但我国仍有上亿人处于缺钙状态，而人体对钙的吸收还要仰仗于维生素D的帮忙，自然，香菇就是这样一个好帮手。它对人体的帮助可不止于此，它所含有的低聚糖，还能帮助肠道蠕动，减少便秘的发生，这种高钾低钠的菇类，进入肠道后，促进了肠道有益菌的代谢。

随着大众保健意识的不断增强，香菇消费市场也在不断升温，自20世纪90年代，我国就已成为香菇生产的世界第一大国，香菇产业福泽国人。

香菇 *Lentinus edodes*
别名：香蕈
分类地位：担子菌门 *Basidiomycota*
光茸菌科 *Omphalotaceae*
香菇属 *Lentinus*
分布地区：我国多地均有种植

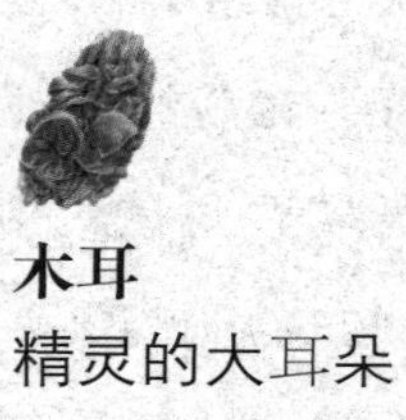

木耳
精灵的大耳朵

秋雨飒飒，秦岭南麓的木耳小镇又热闹了起来，这里气候温润，林木繁茂，是我国除东北以外的另一个著名的木耳产区。今年的雨水比往年多了些，木耳的长势非常喜人，一排排人工培植的木耳架上，树精灵从树皮的裂隙处探出黑褐色的“大耳朵”，在静静地聆听森林的声音。木耳们附木而生，沐雾而长，晶莹剔透，不染秋色，宛若跳脱的精灵。这位山野精灵却并不娇生，它能在栎、杨、榕、槐等多达 120 种的阔叶、落叶林木的树枝上叠生或单生。

人们给它起了很多形象的名字，木耳又叫木菌、树耳、木蛾、黑菜、云耳。作为自然恩赐给人类的一道美食，木耳在我国已有非常悠久的栽培历史。据考证，早在唐代就有人工栽培木耳，唐代大诗人韩愈更是有“软湿青黄状可猜，欲烹还唤木盘回。烦君自入华阳洞，直割乖龙左耳来”的美诗佳句。在现代，人们通常用木枝或木屑来栽培木耳。在大棚中，刚长出来的木耳柔嫩，人们精心调节着温度和湿度，小心地控制着光照，可总是没有野生的木耳长得壮硕，人们索性就将长耳的木枝移至山林之中，让它生于林，长于林，木耳沐浴着森林里洒下的斑斑驳驳的阳光，浸润着林中温暖湿润的雾气，健康茁壮地生长。于是这种林下仿野生种植的方式便应运而生，同时也满足了人们对营养的追求与野生的偏好。

黑木耳的营养价值很高，其中富含蛋白质、脂肪、多糖和钙、磷、铁等元素以及胡萝卜素、B 族维生素、烟酸等营养素，还含有磷脂和固醇。营养丰富的木耳，被誉为“菌中之冠，素中之王”。每 100 克黑木耳中含有钙 357 毫克，磷 201 毫克，铁 185 毫克。人们总认为菠菜是绿叶菜中补铁的不二选择，然而黑木耳中所含的铁元素是菠菜的 20 倍。

黑木耳是家喻户晓的山珍，不仅可食，而且可入药、可滋补。现代医学研究表明，黑木耳中的活性成分能抗血凝，能有效降低血液黏稠度，防止动脉硬化的发生，有保持血管通畅的作用。这一发现，还是源于我国的一道传统川菜“木耳豆腐”。

美国明尼苏达大学的教授在做血液凝血试验时，发现受试者的血液不易凝集，经调查，受试者最喜欢吃一道传统川菜“木耳豆腐”，于是对木耳进行研究，发现了木耳抗凝血的神奇功效。除此之外，木耳中的活性多糖能抗肿瘤，提高人体免疫力，具有很好的抗癌功效；纤维素、胶质有促进肠道蠕动、润肠通便的作用，这一功效早在《本草纲目》中，便有了记载。

一般情况下，黑木耳是无毒的，有时我们也会听到“黑木耳有毒”的言论。有人说：“新鲜木耳中含有一种光敏物质，会引起皮肤瘙痒、皮炎等症状，严重者会出现呼吸困难。”后来，经研究证实，含有这类物质的根本不是黑木耳！而是一种和黑木耳形态上非常相似的叶状耳盘菌，此菌生长在阔叶腐木上，偶尔也会生长在人工栽培木耳的椴木上，引起光敏反应的罪魁祸首其实是叶状耳盘菌。至于会引起呼吸困难的症状，在日常生活中更是少见，我想，这也可能与个人特殊的体质有关吧。至于有人提出，黑木耳吃多了会引起腹泻，这也是由于黑木耳富含流质胶质类物质，这类物质有滑肠作用，也是治疗便秘很好的东西。如果是因为浸泡时间过久而造成食材的变质腐败，食后产生不良的反应，那就更不是黑木耳的错了。

木耳 *Auricularia auricula*
分类地位：担子菌门 *Basidiomycota*
木耳科 *Auriculariaceae*
木耳属 *Auricularia*
分布地区：吉林、黑龙江、辽宁、内蒙古、广西、云南、贵州、四川、陕西等

银耳
朽木开出白牡丹

说起银耳，大家都不陌生，尤其是女性，一碗红枣银耳莲子汤，是夏日消暑的滋补佳品。软糯爽滑的口感，在炎热的夏日里，来上一碗，顿时消解了夏日的暑气，也慰藉了困顿的味蕾。喝着香甜的银耳汤，大脑里也顿时浮现出银耳生长过程中清新可人的样子，一大朵半透明的胶质状褶皱，水汪汪的，像花朵般绽放在椴木上，有如朽木上开出的牡丹花。

银耳还有另外一个名字，叫作“白木耳”，与黑木耳虽一字之差，但它们却属于不同的分

类家族，木耳属于木耳科，银耳则属于银耳科；木耳通常长得像耳朵，一朵朵单生，个头儿也显得小一些，而银耳的个头就要大得多，褶皱也丰富得多。银耳家族中不得不提的还有一个成员，就是金耳，也叫黄木耳，是三者中个头儿最小的，直径仅 5 厘米左右，颜色橙黄、略带金黄，这下子就凑齐了木耳三姐妹，神话故事中有金吒、木吒、哪吒三太子，金耳、银耳与木耳，是否也可以并称为担子菌门里的三公主呢！

银耳和木耳虽有不同，但也有共同之处，同样身为木腐菌，生活在腐木上。早年间，银耳的栽培与木耳如出一辙，同样也是将木段暴露在空气中，让木段自然接种银耳的孢子，最终生长出银耳的子实体。可这种方法的效率很低，而且需要耗费大量的木材。之后人们尝试了各种方法，想将它的培育方式进一步人工化，但是费了好大的周折也未能如愿。后来人们发现，银耳虽然长在木段上，可它并不具备分解木质素的能力，它其实需要依靠伴生菌分解木质素，从而获得自身生长所需要的营养。原来外表清纯的银耳，也是一个不劳而获的家伙，明白了这一点，银耳的人工化栽培就向前迈进了一大步，在接种银耳菌种前，先接种银耳的伴生菌，就可大大提高银耳的生长率。自此，银耳这种在古代仅用于进贡的贡品，仅供宫廷妃子佳丽们享用的食材，也如旧时王谢堂前燕般，飞入了寻常百姓家，成了百姓也能消费得起的可口滋补佳品。

早年间，一些不良商家为了提高银耳的卖相，一味追求银耳白亮的外表，在银耳的加工过程中，用硫化物熏蒸，使其干燥后依然能保持白亮，但硫黄对消费者的健康却大大不利。随着人们消费水平的提高，人们对食材的要求也提高了，现在市场上出现了带着木头段儿一起出售的未加工过的银耳，这类商品的出现，打消了消费者对银耳加工过程的顾虑，而商家费尽心力，也让消费者吃出了新花样儿。

银耳 *Tremella fuciformis*
别名：白木耳
分类地位：担子菌门 *Basidiomycota*
银耳科 *Tremellaceae*
银耳属 *Tremella*
分布地区：我国多地均有种植

伍

鸩毒诱惑

白毒伞
是天使也是魔鬼

在蘑菇的世界里，不仅有美味的盘中餐，救人于水火的灵丹妙药，还有一类是杀人于无形的毒蘑菇。目前，全世界发现的毒蘑菇有1000多种，我国发现的毒蘑菇就有500多种，其中最为著名的便是白毒伞了。它外表清秀可人，却毒性极强，大约1棵白毒伞中所含的毒素便可杀死一个成年人。人们还给它起了一个贴切的名字，叫作死亡天使菇，东北地区还有人叫它蹬腿菇，吃了它必死无疑，可见它的毒性之巨大。

当我在森林里第一眼看到白毒伞的时候，就被它的洁白和出淤泥而不染的品格所吸引。它的个头儿并不高，不足 10 厘米，白色圆锥形的菌盖会让人误以为是哪个调皮的孩子扔下的半个刚剥壳的煮鸡蛋，透过森林的水汽，在它菌盖的表面形成一层薄薄的水膜，甚是好看，我真的没有办法把它和剧毒联系起来。它是一个天使，却是一个招致死亡的天使。

大家可千万别被它超凡脱俗的外表所欺骗，古往今来，它身上背负的命案不计其数，甚至每年都在发生。在不久前，就报道过有村民一家六口，吃了从附近山上采来的白色蘑菇后的第二天，全家出现腹痛、恶心、呕吐的症状后到医院就诊，刚开始时症状稍有缓解，但在接下来的时间里，厄运才真正降临到了这家人的头上。他们的中毒症状不断恶化，在接下来的几天里，一家人相继死亡，其中最年轻的是年仅几岁的小孙子。后经专家和医务人员的鉴定，杀死他们一家人的元凶正是看上去人畜无害的白毒伞。至此，死亡天使菇又背上了六条人命。

白毒伞的毒性很大，但并不会像影视作品中所描述的那样，吃下后立即口吐白沫，倒地身亡。它的致毒成分很复杂，毒伞肽和毒肽是它主要的毒素成分，被吃下后的这些肽类首先会被人体所消化吸收，一般需要 8~10 小时，有的甚至长达 24 小时。在此期间，人体会安然无恙，当毒素开始发挥作用时，首先攻击的是人体的胃肠道，会出现呕吐、腹泻等类似急性胃肠炎的症状。如果仅仅当作急性胃肠炎来治疗，症状会有所缓解，随即进入假愈期。但这些毒素并未罢手，它们会有恃无恐地继续攻击人体的其他内脏，造成肝、肾等其他重要器官的损害，最终导致内脏功能衰竭，生还的机会很渺茫。

死亡天使的威力既然如此巨大，我们怎么能避免它的伤害呢？它常在春夏之交，温暖潮湿的五六月份发生，在林下群生或散生。我国的大部分地区都有生长，样子与白林地菇非常相像，这也是造成误食的主要原因。但它们之间的区别在于，白林地菇没有菌托，菌褶在生长的初期为白色，后转为粉红色，最终变为黑褐色，这些都是与白毒伞的区别。但无论如何，我们在不熟悉的情况下，还是不要去招惹这家伙为妙，毕竟只要我们不去采食它，纵使它的毒性赛过砒霜，也对我们造成不了任何威胁。

白毒伞 *Amanita verna*
别名：白鹅膏菌、死亡天使菇
分类地位：担子菌门 *Basidiomycota*
鹅膏菌科 *Amanitaceae*
鹅膏菌属 *Amanita*
分布地区：陕西、四川、云南、浙江、广东等

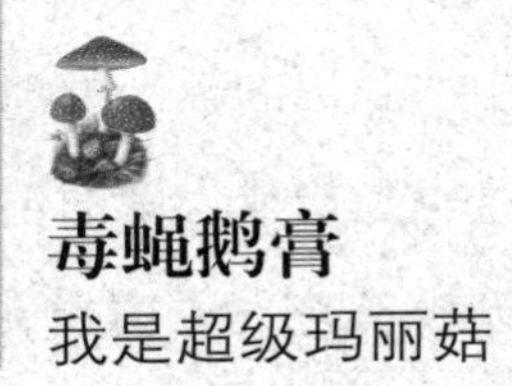

毒蝇鹅膏

我是超级玛丽菇

在电脑还未普及的年代，电子游戏《超级玛丽》中那个顶着大鼻子、留着小胡子、头戴红帽子的小人儿——马里奥，就成了一代人的记忆。马里奥在闯关过程中，如果吃到一个红色带有斑点的魔法蘑菇后，便会立即增大好几倍，变得所向披靡，不惧任何小怪物。儿时的我，也幻想着自己能有一场探险，在自然界中遇见这样一种蘑菇，吃了以后就能变得无所不能，不再惧怕任何困难。带着儿时的梦想，多年后我从事了与微生物有关的工作才知道，自

然界中真的存在这样一种蘑菇，红色的菌盖上，斑斑驳驳的白色、稍带黄色的颗粒状鳞片，这就是著名的毒蝇鹅膏菌。童话故事里、小朋友的画作中、寓言故事中处处可见它的身影。

毒蝇鹅膏菌的分布范围很广，生长地遍及北半球温带地区甚至是极地地区。随着人类活动范围的扩张，它的领地也随之拓展到了南半球。它通常与松树等植物共生，也非常耐低温，甚至在早春时节，白雪覆盖的树林里，偶尔也会看到它小小的身影，看到了它，也预示着春天即将到来。它有着毒蘑菇的典型特征，红色的菌盖上点缀着白色稍带黄色的鳞片，白色的菌柄上有标志性的菌环，脚下也少不了白色的菌托。如果不慎误食，会引起肠胃炎和神经性中毒，产生剧烈恶心、呕吐、腹痛、腹泻、精神错乱、头晕眼花及神志不清等症状。

毒蝇鹅膏菌闻名于世，除了有美丽的外表外，它还有一个无人不知无人不晓的必杀技，那就是可以毒杀苍蝇。在 19 世纪的欧洲，人们常常将毒蝇鹅膏碎末混进牛奶或面包屑中，并把这些饵料放在房前屋后，用来麻醉和毒杀令人讨厌的苍蝇，因此人们送它毒蝇鹅膏的大名，也有人叫它捕蝇菌。不过毒蝇鹅膏菌不仅能毒杀苍蝇，如果人类大量误食也会有致命的危险，它曾经杀死过一个人，这个人就是罗马帝国著名的凯撒大帝。相传凯撒大帝非常喜欢吃橙黄鹅膏菌，暗杀者就把去除了表面鳞片的毒蝇鹅膏菌混在凯撒大帝食用的橙黄鹅膏菌中，经烹饪后献给凯撒大帝食用，结果成功地毒杀了凯撒大帝。

就因为它成功地杀死了凯撒大帝，这只小小的蘑菇也改写了罗马帝国的历史，甚至是整个欧洲的历史。

毒蝇鹅膏菌虽然颜值高，但含有毒性，它含有的毒蝇碱、异恶唑衍生物、色氨衍生物、基斯卡松等都是神经性毒素，作用于神经可产生致幻作用。异恶唑衍生物作用于大脑皮层，可以产生视觉及色觉的混乱，误食者的眼前可产生与现实不一样的另一个世界。

作为毒蘑菇家族中的明星，它是颜值担当，但也有不大不小的毒性，这种毒性也值得人们深入研究，也许将来的某一天，我们夏天用来驱除蚊蝇的灭害灵的生产原料就是毒蝇鹅膏菌。

毒蝇鹅膏 *Amanita muscaria*
别名：毒蝇伞
分类地位：担子菌门 *Basidiomycota*
鹅膏菌科 *Amanitaceae*
鹅膏菌属 *Amanita*
分布地区：黑龙江、吉林、陕西、四川、西藏、云南等

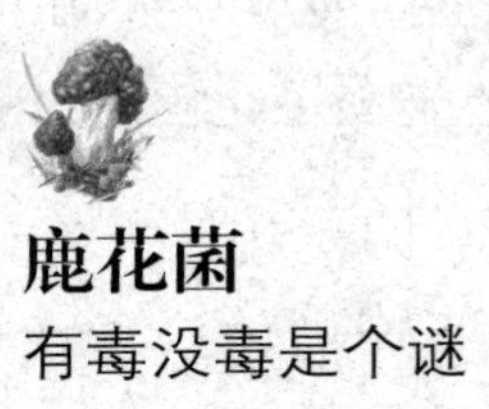

鹿花菌
有毒没毒是个谜

在蘑菇的世界里，有些菇生来就是美味的，比如香菇、木耳、金针菇，人类认识、栽培它们，已有几千年的历史；有些蘑菇生来就有剧毒，听其名就让人望而却步，死亡天使是其中之一，不大的剂量就可以使人一命呜呼；有些蘑菇介于有毒和无毒的边界线上，鹿花菌就是其中之一。

初识鹿花菌，只听它的名字，就觉得它应该是蘑菇界的美女一枚，这样才能配得上如此优雅的名字，可真当看到它的那一天，令我大

跌眼镜。污白色的粗壮菌柄上撑着一团褐红色褶皱扭曲着的胶质菌盖，很像脑花，着实让人看着并不那么愉悦，鹿花菌的形象顿时成了脑花菌。

在我看到这些长相诡异的菌子时，第一反应它是不能吃的。的确，鹿花菌的毒性早在100多年前就被人们所知晓，但总有人不惧相貌，照单全收，只为满足好奇心和口腹之欲。食用鹿花菌后出现的症状类型多种多样，有的人会恶心、呕吐、腹泻，有的人则会眩晕、昏睡、手震、运动失调；中毒的轻重程度也不同，有的人会轻微不适，有的人则会有生命危险；甚至一同食用的人群，表现也不尽相同，有的人表现出中毒症状，有的人却相安无事，更有甚者虽已中毒，但处于潜伏期，这个潜伏期有时长达好几年。

鹿花菌虽然有毒，但在欧美一些国家仍然在销售，在某些欧洲国家甚至还有进出口的贸易，他们相信只要除去鹿花菌中大部分的毒素，鹿花菌就可以安全食用。有很多人经常食用鹿花菌但并没有发病，西班牙等国家还把鹿花菌视为美食，经常将其呈现在餐桌上。在芬兰，鹿花菌可以被合法买卖，甚至加工成罐头等即食食品。在芬兰菜的菜谱中，最常见的烹饪方法是把鹿花菌用牛油煎香后，夹在西式蛋饼中一起食用，据统计，芬兰每年大约要消耗掉数百吨的鹿花菌。但在欧洲的另一些国家，因为鹿花菌引起了中毒事件，它被禁止售卖。鹿花菌的毒性对于人们来说是谜一样的存在。

经过长达上百年的研究，科研人员终于初步弄明白了鹿花菌的毒素。鹿花菌中含有一种叫鹿花菌素的物质，这种物质是一种肼类化合物，进入人体后会被人体水解成甲基肼，根据水解的程度不同，所表现出来的中毒反应及症状也不同。甲基肼在代谢过程中还会与身体中的某些酶类发生反应，生成新的毒性物质，损害人体的不同器官，如胃肠、神经系统、肝脏等。一次性摄入过多，甚至会致命，即使一次性摄入的量很少，它的毒素也会累计对人体造成损害。所以鹿花菌的毒素进入人体后会像孙猴子一样，有着 72 般变化。2017 年 10 月，世界卫生组织国际癌症研究机构也把鹿花菌素列入了致癌物质的黑名单中，所以那些即使吃了没事的人，也还是要收敛自己的口腹之欲，对它敬而远之，把它从自己的食谱中“请”出去吧！

鹿花菌 *Gyromitra esculenta*

分类地位：子囊菌门 *Ascomycotion*

平盘菌科 *Discinaceae*

鹿花菌属 *Gyromitra*

分布地区：中国大部分地区均有分布

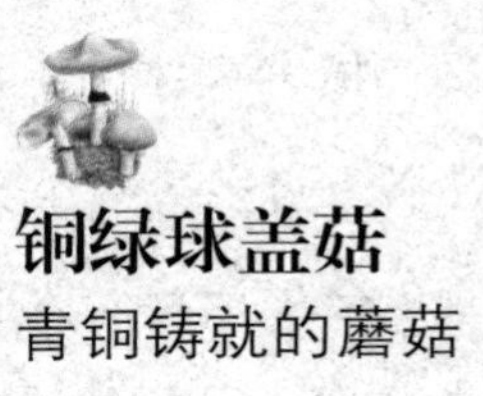

铜绿球盖菇

青铜铸就的蘑菇

在人类的认知中，似乎有一种与生俱来的本领，那就是对色彩的偏好。人们通过感官的颜色就能大体判断哪些食物好吃，哪些食物难吃，哪些食物能吃，哪些食物不能吃，这个与生俱来的本领，是老祖先留给我们的基因所决定的，这个基因源于老祖先对野外获取的食物可食性的判断，这一机能很大程度上决定了人类的生死存亡及发展壮大的可能性。自然界中，未成熟的果实中往往含有大量的毒素，青涩的色彩就标志着果实尚未成熟，还含有毒素，一

旦果实成熟了，就会展现出诱人的暖色调，引得人类及其他动物垂涎驻足。

在蘑菇的世界里，有着和植物界一样丰富的色彩，人们也会不由自主地通过颜色来主观判断蘑菇是否有毒。人们总结出了一条值得商榷的经验，那就是总会认为颜色鲜艳的蘑菇有毒，颜色暗淡的蘑菇没毒。当然，自然界中如果存在一种颜色像锈蚀的青铜器般的蘑菇，无论它是有毒还是没毒，人们都很难对它提起食用的兴趣，这种拥有青铜锈迹般颜色的蘑菇就是铜绿球盖菇。铜绿球盖菇是球盖菇科，球盖菇属菌菇，铜绿色的外表是它身份的标志，半球形的菌盖上点缀着白色的鳞片，菌盖的中心泛着古铜色的黄绿色调，菌柄上还缀有明显的菌环，幼时菌环以下常有白色毛状鳞片，这是典型的毒蘑菇特征。它的分布非常广，亚洲、欧洲、美洲均有分布，我国主要分布在东北三省、甘肃、陕西以及台湾。不知是否是因为它特有的毒蘑菇长相特征，因此少了些采食者，才使得它有机会拓展疆域。也正是由于铜绿球盖菇的这个肤色，很少有人会因食用铜绿球盖菇引起中毒。看到这个颜色，大概动物们也会敬而远之吧。

在球盖菇家族中，从来不缺少颜色。除了铜绿球盖菇的这种蓝绿色调以外，还有玉米黄色的半球盖菇，与铜绿球盖菇一样，它也喜欢生长在温带地区土质肥沃的森林或草地上，由于菌盖从小到大呈不变的半球形而得名。它同样有毒，主要也是神经性毒素，误食后会产生致幻作用。

球盖菇家族中，有了蓝色、黄色，当然也少不了红色，酒红色的大球盖菇要比铜绿球盖菇、半球盖菇更有名。大球盖菇虽为漂亮的酒红色，但它可是这三“兄弟”中唯一无毒的种类。大球盖菇又名斐红球盖菇，现已实现人工栽培，在国际农产品交易市场上是畅销菇类之一，由于它迷人的酒红色，深受欧洲市场的欢迎，但在中国，正是因为它的酒红色，在市场上常常会有人把它误认为毒蘑菇。这可是错怪了大球盖菇，大球盖菇无论何种烹饪方法都能显露出它的美味，在国外更是供不应求。

同样有着鲜艳的颜色，但内涵却不同。我们从小就被教育，对待他人，我们不能以貌取人，对待菇类也是一样，也不可以肤色来武断地判别它们的毒性。

铜绿球盖菇 *Stropharia aeruginosa*
分类地位：担子菌门 *Basidiomycota*
球盖菇科 *Strophariaceae*
球盖菇属 *Stropharia*
分布地区：陕西、甘肃、台湾等

洁小菇

毒菇中的小可爱

夏秋时节，是各种菌子成熟的季节，你会在森林里看到五颜六色的菌子。松林下可以看到一簇簇淡紫色，个头儿不大的菌子，挂着露珠，簇拥着在地面上争先恐后地生长，像儿童节时争相出镜的小孩子的脸，那就是可爱的洁小菇。

洁小菇又名粉紫小菇，小菇科家族其中一员，个头儿并不高，菌盖直径不足 4 厘米，菌盖、菌肉均为淡紫色，生长一段时间后，渐渐变为淡淡的丁香紫色，并且有着淡淡的萝卜气

味。光滑的菌柄透出淡淡的粉紫色，中间空心，柔弱得让人不忍心去触碰，再加之大多数人听到它的名字——洁小菇，就知道它一定是菌菇中的小可爱。你可别以为它是缩小版的紫丁香蘑，生物界本就是一个复杂的世界，蘑菇界也不例外，人们千万可别被它的外表所迷惑。洁小菇其实是毒蘑菇一枚，其中含有的神经性毒素，会造成人体的神经性中毒，根据人类的个体差异，只有少数人群对它的毒性有天然的免疫力。

日常生活中，人们经常会听到，某个人和另外一个人长得很像，在蘑菇家族中也不例外，同为紫色蘑菇的淡紫丝盖伞就与洁小菇有撞脸的嫌疑。淡紫丝盖伞同样生活在松树林中，细长的菌柄上顶着一个淡紫色的钟形菌盖，这个小小的菌盖同样不足 4 厘米，菌肉淡紫色，菌柄淡紫色，中间空心，食用后会产生神经性中毒症状。但再像的双胞胎都有细微差别之处，淡紫丝盖伞菌柄上有丝膜而不成膜质菌环，衰老后菌褶由紫色变为灰褐至褐锈色，看来它与洁小菇还是有些许区别的。在野外，我们很难辨别它们。在确认它们的身份时，菌物学家有自己的办法，科研工作者可以通过孢子印来区别，或在显微镜下观察它们的孢子形态和颜色。

记得有一次我在查阅资料时，看到有资料记载："洁小菇可食，但在采摘时注意和淡紫丝盖伞区别。"看到这里，我不禁为民众捏一把汗。作为一名科研工作者，在野外尚不能很明确地区分这两种菇，大众又怎么区分呢？况且这两种菇都有毒，如果在野外有幸遇见了，我们还是以欣赏的眼光来观察吧，至于采食，就算了吧，世上的美食千千万，我们没必要为一只小小的菇去冒风险。

同样都是身披神秘的紫色外衣，紫丁香蘑是菇中美味，而淡紫丝盖伞和洁小菇却身怀奇毒，看来，人们总结的颜色鲜艳的蘑菇是毒蘑菇的经验并不靠谱。在自然面前，我们人类还是带着欣赏的眼光，怀着一颗敬畏的心去看待、去观察、去体会自然的奇妙吧！

洁小菇 *Mycena prua*
别名：粉紫小菇
分类地位：担子菌门 *Basidiomycota*
白蘑科 *Tricholomataceae*
小菇属 *Mycena*
分布地区：广东、海南、黑龙江、西藏、四川、陕西、山西、新疆、甘肃等

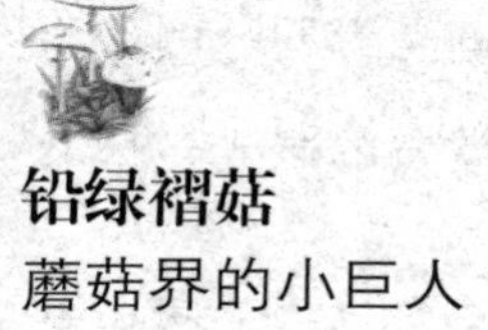

铅绿褶菇

蘑菇界的小巨人

陕南多雨水，盛产稻米，每当夏秋时节，雨水丰盈，稻田边总会屹立着星星点点的白色生物。它们的个头儿还不小，远远望去，会让人误以为是稻田边饮水的白色水鸟，走近一看，原来是一大朵白色的菌子，伞盖直径最大的足有30厘米，这个头儿，也算是蘑菇界的小巨人了。在蘑菇的世界里，有个头儿不足1厘米的小不点儿，同时也有体形大如水鸟的家伙。

能有如此大个头儿的菌子，到底是什么呢？走近来看，菌盖呈白色半球形，菌柄呈圆柱形，

最粗的地方直径竟有擀面杖般粗壮，还有一个白色的菌环，难道是高大环柄菇？菌盖翻开来看，菌褶是青褐色的，原来是冒充高大环柄菇的大青褶伞。

大青褶伞学名铅绿褶菇，此菇经常出没于潮湿的田野里、肥沃的草地上，甚至在家里的花盆中都能偶尔看到它的身影，尤其是夏秋时节的雨过天晴后，更是生长旺盛，我国南方的大部分地区都有分布。铅绿褶菇的菌褶在幼时呈白色，成熟后呈铅绿色至青褐色，故得名铅绿褶菇，这一点也是铅绿褶菇与高大环柄菇在形态上的最大区别。它们之间还有一个很大的区别，那就是高大环柄菇可作为餐桌美味，而铅绿褶菇，有毒！

据不完全统计，每年因铅绿褶菇引起的中毒事件不下十几起，在雨水充沛的年份就更多了，误食后主要会引起肠胃炎型中毒症状，由于它里面含有的有毒成分为水溶性生物碱，随着时间的推移，这些有毒成分也会危及人体的肝肾等脏器以及神经系统。并且，中毒症状来势汹汹，误食者十几分钟甚至几分钟内就会出现恶心、呕吐、腹痛、头晕乏力等症状，如果大量误食，很快会造成肾脏衰竭甚至死亡。既然毒性这么强，中毒速度这么快，为什么还会有人去采食呢？这是由于铅绿褶菇在还没有出现标志性的铅绿色时，它的外形与高大环柄菇太像了，以至于人们常常把它误认为是可食用的高大环柄菇。当毒菇入口、入肠，身体明显有了欠安的反应，此时才反应过来，哦！原来自己吃进去的是铅绿褶菇，而非高大环柄菇！虽知道了真相，一切已悔之晚矣，唯一能做的就是立刻奔赴医院，请求医生的帮助。一番催吐、洗胃、解毒之后，幸运的话，2~3 天便可痊愈；若是贪嘴，一次性吃了太多，又一时大意没有及时就医或是体质太虚弱，那就有危及生命的风险了。

一朵蘑菇，吃与不吃，全在于对它是否熟知，如果不熟悉，冒着生命危险去尝试，倘若平安无事，则皆大欢喜；倘若不幸中了毒菇的毒，那可真是得不偿失！

铅绿褶菇 *Chlorophyllum molybdites*
别名：毒绿褶菇、大青褶伞
分类地位：担子菌门 *Basidiomycota*
白蘑科 *Tricholomataceae*
青褶伞属 *Chlorophyllum*
分布地区：南方地区均有分布

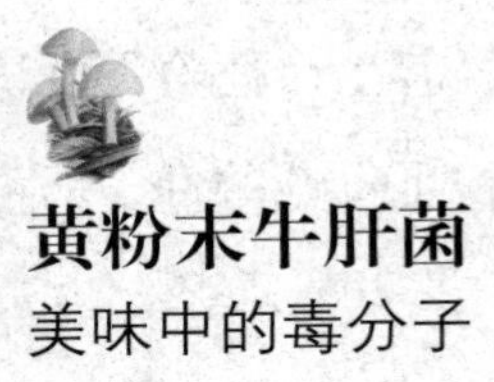

黄粉末牛肝菌

美味中的毒分子

提起牛肝菌，想必大家脑海里首先蹦出的是“可食”“鲜美”“云南”这几个词。古往今来，牛肝菌就以美味似牛肝而得名，历朝历代都视其为山珍佳品，曾一度成为云南地区每年供给皇室的贡品。但不是所有的牛肝菌都有着似牛肝的美味，随着现代分类学研究的深入，人们发现牛肝菌科是一个庞大的家族，在这个家族中有多达 400 多名成员，在这个以美味著称的家族中，总会混入一些有毒分子。松林里，黄粉末牛肝菌就是这类有毒分子之一。

初次在野外见到黄粉末牛肝菌，一个长长的菌柄顶着一个铆钉形的菌盖，一身柠檬黄色的粉末，在秋天的树林里显得格外显眼。远远望去也不知是什么蘑菇，走到跟前翻开菌盖仔细查看，它并没有伞形菌科典型的菌褶，而是明显的管状菌管，这是牛肝菌家族的标志。原来，这个黄色的菌子是牛肝菌家族中的成员之一，又因为它裹着一身柠檬黄色的粉末，我初步判定它应该就是牛肝菌家族中的黄粉末牛肝菌。

黄粉末牛肝菌又称黄肚菌，黄色是它最显眼的标志，一层黄色的粉末，就算不熟悉它的人也不难认出。黄色的皮肤下有着不一样的内涵，它的菌肉为白色，但当它受伤时，伤口处暴露在空气中，又会被氧化变成蓝色，让我不禁在想，难道它是外星人种下的？还会流出蓝色的血液不成。这种变色现象，恰恰可以反映它有毒的特性。黄粉末牛肝菌的中毒症状属于胃肠炎型，人们误食后主要表现为头晕、恶心、呕吐等胃肠不适症状。奇怪的是，我在野外所遇到的黄粉末牛肝菌并非一棵完整的牛肝菌，而是有着一个明显的缺口，这个缺口上有被昆虫咬食过的痕迹，难道昆虫、小动物不怕吃了有毒的蘑菇后闹肚子吗？有人研究，将某些剧毒的蘑菇经口服喂养小鼠，小鼠并不会死亡，人吃了，则会表现出明显的中毒症状甚至会死亡。看来人类的肠道和昆虫、小动物的肠道还是有着很大差别的，某些毒肽类物质经过人类的小肠时是会被人体吸收的，吸收后的有毒物质进入血液，随后到达全身，造成中毒的现象，而昆虫、小动物的肠道却因无法吸收这些有毒物质，而免遭毒害。人类唯恐避之不及的毒素仅仅是一个相对概念，对于人类是毒物，对于其他生物却是美食。黄粉末牛肝菌身为牛肝菌家族的一员，可以称之为美食，但却是昆虫和小动物们的美食，人类是无福消受的。

黄粉末牛肝菌对于人类而言并不是一无是处的，有人就从它的子实体内分离得到了 Vulpinic acid（狐衣酸）不饱和内酯类化合物，对这种物质进行深入研究发现，它竟然有抗肿瘤和艾滋病病毒的活性。艾滋病是至今无法有效治愈的顽疾，在医学如此发达的今天，人们依然会“谈艾色变”，如果通过研究，它能助力人类攻克这一医学难题，也算是这个毒蘑菇为人类的发展做出的又一大贡献！

黄粉末牛肝菌 *Pulveroboletus ravenelii*

别名：黄肚菌

分类地位：担子菌门 *Basidiomycota*

牛肝菌科 *Boletaceae*

牛肝菌属 *Boletus*

分布地区：吉林、山西、江苏、安徽、湖北、湖南、广东、陕西、四川、云南等

白杯伞
有毒的兄弟

每当吃到羊肚菌的时候，我总会想，既然有羊肚菌，蘑菇世界里有没有猪肚菌、牛肚菌呢？在一次查资料的过程中，果然发现，真的有猪肚菌的存在。猪肚菌是白蘑科，杯伞属的一种大型真菌，学名大杯伞。这个白色的大蘑菇与猪肚没有丝毫的相像之处，却得了猪肚菌的名号，不知道是不是因为吃起来味道像猪肚的缘故。不过，大杯伞的确可食，并且耐储存，放置 3~5 天都不会坏，煎、炒、烹、炸、煲汤、入火锅均可，营养价值更没的说，人体必需的

氨基酸、重要微量元素一应俱全。正是因为大杯伞有着很高的食用价值，为了让更多的人能品尝到它的美味，人们也开始驯化它，如今大杯伞已经成功实现人工种植。

在杯伞家族中有诸多美味的蘑菇，除大杯伞以外，肉色杯伞、深凹杯伞都是鲜美的山珍。这些杯伞家族的菌子在森林里往往都是群生，如果一处被发现，不久就能填满一篮子。但是你可别以为所有的杯伞都可以被请上餐桌。在杯伞家族中，大杯伞还有一个有毒的兄弟，就是白杯伞，它在杯伞家族中还算得上一个俊俏的小伙儿，白色的菌体，菌盖光滑，在阳光下，冰肌玉骨的能透出光来，菌柄较细，常常轻度弯曲，看见它，就会激起人们对菇类的食欲，不曾想，它却是杯伞家族中的一朵毒蘑菇。

白杯伞多生长于夏秋季节的森林里，草地上也会有它的身影，靠近它时，你会闻到淡淡的甜味。可千万别被它的气味所迷惑，它里面可含有毒蝇碱成分，这种成分也是毒蝇鹅膏中有名的毒性成分。你可别以为这种成分只在鹅膏家族中存在，在白杯伞中依然有它的身影。这种毒素的毒性很强，误食后不到半个小时就会出现冒汗、腹痛、腹泻的症状，随即还会有视力模糊、呼吸困难的症状出现，这是典型的毒蝇碱中毒的症状，如果不小心误食，一定要及时就医。接下来就要看中毒者的运气了，如果平时身体健康，再加之医生的悉心救治，也许很快就会没事；倘若自身身体状况欠佳，又没能及时就医，就可能有生命危险了。

白杯伞的毒性如此的强，每年中毒事件依然屡见不鲜。这是因为白杯伞和它的大哥大杯伞一样，也是群生，只要被发现，就会找到一大群，一次性就能采到很多，再加之与家族中的大哥大杯伞有着极为相像的外表，难免不被人误食。

我时常在想，自然界中，很多菌菇味道鲜美，很多菌菇长相诱人，但总有一些菌菇被安插入毒素，这些毒素存在的意义是什么呢？也许，这些毒素就是为了告诫人类，自然界中存在的每一个物种都是神圣不可侵犯的，这也让人类意识到，不是任何一种生物都可以被强行请上餐桌，成为人类的食物。这就是人类与其他生物的界限之一吧。

白杯伞 *Clitocybe phyllophila*
别名：猪肚菌
分类地位：担子菌门 *Basidiomycota*
白蘑科 *Tricholomataceae*
杯伞属 *Clitocybe*
分布地区：吉林、陕西、四川、云南等

美丽草菇

不美丽的美丽草菇

采食野菇时，我们并不担心铜绿球盖菇、毒蝇鹅膏菌、红鬼笔的毒性，因为它们颜色突出、形态典型、长相奇特，有的还会发出腐烂般的恶臭味，人们很容易避开它们，甚至会被它们的肤色和长相所吓到，更别提去采食了。最可怕的则是长相普通、颜色朴实，没有毒蘑菇典型特征，一副我无毒的乖巧模样的蘑菇，这样的毒菇最容易令人中招，美丽草菇就是其中之一。

美丽草菇又称白草菇，菇体一般中等大，

菌盖及菌柄都呈白色，菌盖表面光滑，菌柄为白色圆柱形，有菌托无菌环，菌托同样也是白色；未开伞时，与食用的草菇在形态上相差不大，颜色上仅有细微差别，食用草菇的外包被为鼠灰色，美丽草菇为白色，开伞后美丽草菇通体白色，在颜色上倒是比草菇更胜一筹。但论起口味和安全性，美丽草菇可就没那么美丽了。据记载，美丽草菇含有一定的毒素，误食后会引起肠胃不适的症状，这一点，美丽草菇倒是不如灰头土脸的食用草菇，美丽草菇的美丽也只是徒有其表罢了。

如果有人根据外表判断它无毒，那就又是一个活脱脱的以貌取菇的例子。人们常常会通过辨颜色、观地貌、看长相、闻气味等多种方法来判断自己遇到的野菇。辨颜色，遇到了红菇、绿菇、酒红色的大球盖菇，你将会错过诸多美食，倘若遇上白杯伞、白草菇、白毒伞这条经验就完全不奏效了；观地貌，有人会认为生长在洁净的森林里、草地上的菇无毒，殊不知，鹅膏菌漂亮的身躯只存在于森林里、草地上，但鹅膏菌属的菇类大多数有毒，而美味的鸡腿菇在栽培过程中是需要施以鸡粪、马粪等粪肥才能茁壮成长；看长相，皱皱巴巴的羊肚菌，无论如何也无法走上我们的餐桌；闻气味，那就更不可靠了，生活在松林中的菌菇，也许是近朱者赤，总会或多或少有一些松仁儿的香味，如果吃了，说不定就不幸中招了。在绚丽缤纷的蘑菇世界里，我们人类固然不可以貌取菇、凭经验食菇，如果身处野外，我们只需要带上一双发现美的眼睛，认真探寻和欣赏色彩缤纷的野菇就行了，还是暂时收起好奇的味蕾，不要轻易去品尝野生蘑菇。

避免中毒有两条黄金标准，其一是不要随意采食野菇，其二是自己不熟悉的蘑菇不要食用。遵循了这两条铁标准，任凭毒蘑菇有千般毒性，毒物有千般变化，也奈何不了我们。

美丽草菇 *Volvariella speciosa*
别名：白草菇
分类地位：担子菌门 *Basidiomycota*
光柄菇科 *Pluteaceae*
小孢脚菇属 *Volvariella*
分布地区：广东、吉林、湖南、香港等